高羊茅耐盐基因
生物学整合效应分析

麻冬梅　许　兴等　著

U0228021

科学出版社

北京

内 容 简 介

本书介绍了草坪草再生体系的优化、高羊茅遗传转化体系的建立、SOS 途径基因在草坪草中的遗传转化、转基因草坪草的耐盐性鉴定、转基因高羊茅的生物学整合效应分析等内容。本书大部分内容为近十年的研究成果，系统全面地对高羊茅再生体系、遗传转化条件进行了优化，提出了高羊茅高效再生体系和高频遗传转化体系，并以此为基础，对高羊茅进行了耐盐转基因的深入研究。

本书可作为从事牧草研究及教学的科教人员的参考书，也可供农业院校师生学习。

图书在版编目（CIP）数据

高羊茅耐盐基因生物学整合效应分析／麻冬梅等著 . —北京：科学出版社，2020. 1

ISBN 978-7-03-060245-9

Ⅰ. ①高… Ⅱ. ①麻… Ⅲ. ①草坪草–耐盐性–基因–分子生物学 Ⅳ. ①S688. 401

中国版本图书馆 CIP 数据核字（2018）第 292992 号

责任编辑：张 菊／责任校对：何艳萍
责任印制：赵 博／封面设计：无极书装

科学出版社 出版

北京东黄城根北街 16 号
邮政编码：100717
http://www.sciencep.com

北京科印技术咨询服务有限公司数码印刷分部印刷
科学出版社发行 各地新华书店经销

*

2020 年 1 月第 一 版 开本：720×1000 1/16
2025 年 1 月第四次印刷 印张：7 3/4
字数：200 000

定价：98.00 元
（如有印装质量问题，我社负责调换）

《高羊茅耐盐基因生物学整合效应分析》
著者名单

主笔： 麻冬梅　　许　兴

成员： 蔡进军　　王　静　　郭伶娜　　徐文娣
　　　　胡建玉　　杨亚亚　　李国旗　　马丽红
　　　　代红军　　马　琨　　秦　楚　　张喜斌
　　　　李会文　　朱　林　　黄　婷　　徐　坤
　　　　韩　博　　吴梦瑶

前　言

土壤盐碱化是一个世界性的问题，进行耐盐植物筛选、开发培育新型耐盐植物，是进行盐碱地开发利用的有效途径之一。开展抗旱、耐盐碱牧草和草坪草育种则是我国草业可持续发展的重大技术需求，也是盐碱化地区草畜产业发展和区域生态环境保护的重要方向。

出于国情的考虑，我国农业科研历来对粮食作物的研究比较重视，对牧草和草坪草的研究十分薄弱。基于我国相关研究工作相对滞后的情况，我们从 2006 年开始进行相关研究，内容包括草坪草再生体系的优化、高羊茅遗传转化体系的建立、SOS 途径基因在草坪草中的遗传转化、转基因草坪草的耐盐性鉴定、转基因高羊茅的生物学整合效应分析等方面，通过较为系统和深入的研究，获得了大量数据资料及阶段性成果，先后发表学术论文 50 余篇，申请国家发明专利 2 项，编制地方标准 3 套，这些科研积累为我国高羊茅耐盐鉴定和耐盐机理等研究提供了理论依据，为选育适合盐渍化土壤种植的耐盐高羊茅新品种，以及我国盐碱地的治理和生态环境保护建设提供了技术支撑。

高羊茅是目前国内外广泛应用的冷季型草坪草之一，营养价值极高，具有耐瘠薄、抗锈病、适应性强等特性，但也存在叶片粗糙、生长缓慢、耐盐性差及易受杂草危害等缺点。采用常规育种方法对其进行种质改良不仅周期长、成效不显著，而且缺乏必要的遗传学背景知识。利用基因工程技术改良高羊茅耐盐性，对保持草坪四季常绿、扩大建植区域、改善区域生态环境均具有十分重要的意义。本书在分析高羊茅胚性愈伤组织植株再生和农杆菌介导遗传转化的多种影响因素的基础上，将耐盐性相关的 SOS 途径基因（SOS1、SOS2、SOS3 和 SCaBP8）遗传转化至高羊茅基因组中，获得耐盐性增强的转基因植株，并为研究耐盐多基因转化与转基因植株的生物学效应，分别在盐土和碱土两种类型盐碱地上进行了试验种植，对转基因植株进行了农艺性状、生理生化指标及土壤理化性质的测定，分析了转基因株系的不同性状表达规律及耐盐机理，探讨了不同类型盐碱地上转基因植株与环境的相互作用。研究发现，在不同类型盐碱地上，转拟南芥 *SOS* 途径基因的高羊茅具有较好的生物学整合效应。

《高羊茅耐盐基因生物学整合效应分析》先后得到国家重点基础研究发展计划（973 计划）项目"作物应答盐碱胁迫的分子调控机理"（2012CB114200-G）、国家自然科学基金项目"苜蓿根系响应盐胁迫的分子机理及重要耐盐基因的克隆与功能分析"（31760698）、宁夏回族自治区农业育种专项"牧草种质资源创新与新品种选育"（2014NYYZ0401）、国家重点研发计划课题"黄土梁状丘陵区林草植被结构体系优化及杏产业关键技术与示范"（2016YFC0501702）、"十二五"国家科技支撑计划课题"宁南山区脆弱生态系统恢复及可持续经营技术集成与示范"（2015BAC01B01）、宁夏自然科学基金重点项目"苜蓿耐盐 *SOS* 途径基因的生物学整合效应分析"（NZ15002）、宁夏研究生产学研联合培养基地建设项目（YJD201603）等资助，同时在研究过程中参阅了国内外大量研究资料，在此，向支持该研究的各个部门及各位专家表示深深的谢意！

在十余年的研究过程中，有十余位硕士生及两位博士生参加了相关研究工作，并完成了他们的论文，在本书出版之际，对他们的辛勤劳动和付出的努力表示衷心的感谢！

由于作者水平有限，对学科方面的认识不够完善，许多研究内容还未包含其中，所涉内容尚需进一步深化，书中难免有不足之处，敬请读者批评指正。

麻冬梅

2018 年 12 月于银川

目　　录

第一章　草坪草再生体系的优化

高羊茅（tall fescue, *Festuca arundinacea* Schreb.）原产欧洲西部，我国新疆有野生，是世界温带地区一种很重要的多年生冷季型草种（Barnes, 1990）。高羊茅为多年生疏丛型禾草，须根入土深，有短根茎，无匍匐茎，冬季生长缓慢，夏季生长旺盛。高羊茅适应性与抗逆性均较强，具有耐旱耐湿耐热耐寒，与杂草竞争能力强，对土壤适应性广的优点，因此受到人们的普遍重视。后来人们把高羊茅进行定向培育，选育出许多优良的草坪型新品种，专门用于绿化和运动场建植，使高羊茅的利用前景更加广阔。高羊茅现已是北方暖温带地区建立人工草地和补播天然草场的重要草种，尤其是作为草坪草种，在全球显示出非常巨大的应用潜力。

高羊茅是一种具有重要价值的草坪草，它对组织培养的反应较不敏感，是植物组织培养中较为顽固的品种。虽然不少人对其进行了成功的研究，但因不同高羊茅品种之间基因型的差异，其高频再生体系建立的途径和方法不尽相同。

本研究采用冷季型草坪草中几个常见的多年生栽培品种——草地早熟禾的'优异'（*Poa pratensis* L. 'Merit'）、高羊茅的'爱瑞 3 号'（*Festuca arundinacea* Schreb. 'Arid 3'）和'红宝石'（*Festuca arundinacea* Schreb. 'Ruby'）、多年生黑麦草的'玲珑'（*Lolium perenne* L. 'Elegance'），从发芽率、培养条件、外植体类型、基因型、掐芽次数、植物激素等对愈伤组织诱导和植株再生产生影响的因素方面进行了实验和分析，建立了高频的再生体系，为下一步的遗传转化工作提供了可靠性好、再生率高的优质受体系统。

第一节　草坪草愈伤组织诱导研究

一、材料与方法

（一）植物材料

供试材料为目前常见草坪草栽培品种：草地早熟禾的'优异'、高羊茅的'爱瑞3号'、高羊茅的'红宝石'和黑麦草属的'玲珑'。种子均由中国草业公司提供。

（二）试验内容及方法

（1）种子预处理。选取成熟饱满的草坪草种子，去掉致病发黑的种子，挑选干净完整健康的种子置于三角瓶中，预处理设计两种方法。处理1：先用50%的浓硫酸浸泡草坪草种子，并在200 r/min的摇床上振荡灭菌30 min，然后用自来水冲洗5~7次，再次去掉漂浮在水上面的种子。处理2：将种子直接消毒，再将草坪草种子置于4℃冰箱中过夜处理。

（2）种子的灭菌。选取预处理后草坪草种子，先用75%的乙醇振荡灭菌30 s~1 min，再用0.1%氯化汞振荡灭菌8~10 min，最后用无菌蒸馏水冲洗5~7次，将无菌草坪草种子接种到MS培养基或者1/2 MS培养基，于25℃，3000~4000 lx光照培养或者暗培养7 d左右。

（3）培养基及培养条件。本实验所用基本培养基均为MS培养基，附加30 g/L蔗糖，如需配制固体培养基则加入8 g/L琼脂，pH 5.8~6.0，121℃高压灭菌20 min后倒平板备用。1/2 MS培养基大量元素为MS培养基的一半，其余成分不变，另加入15 g/L蔗糖，琼脂8 g/L，调节至pH 5.8后灭菌倒入玻璃瓶备用。愈伤组织诱导培养基：在MS培养基的基础上添加生长类激素2,4-D。培养条件：温度25℃，暗培养。

（4）种子发芽试验。选取各品种种子各100粒，去掉致病发黑的种子，挑选干净完整健康的种子置于放置有湿润滤纸的培养皿中，培养温度25℃，1周后统计发芽率。

（5）外植体的选择与准备。将成熟种子消毒处理后，接种到MS基本培养基上，选取无菌苗的叶片、根、下胚轴及种子作为外植体材料，接到相同的愈伤组织诱导培养基上，每个培养皿均接种20个外植体，每组设5个重复。在16 h/d光照周期、(25±1)℃条件下的光照培养箱中或者在黑暗培养条件下培养20 d左右，统计4种不同外植体材料的愈伤组织诱导率以及光照与黑暗培养对愈伤组织诱导产生的影响。

（6）愈伤组织诱导与继代培养。将消毒好的草坪草种子作为外植体接种到添加有不同梯度配比生长类激素2,4-D和细胞分裂素6-BA的愈伤组织诱导培养基上（表1-1），2,4-D共14个梯度，每个梯度设置4个重复，2,4-D和6-BA共42个组合，每个组合设置4个重复，每个重复接种50个外植体，在暗培养条件下培养，培养1周后掐芽，以诱导形成愈伤组织，每15天继代1次，共继代2次。30 d后统计愈伤组织诱导率。

表1-1　愈伤组织诱导培养基

培养基编号	2,4-D激素水平/(mg/L)	6-BA激素水平/(mg/L)
1	3.0	0.0
2	3.0	0.1
3	3.0	0.2
4	3.5	0.0
5	3.5	0.1
6	3.5	0.2
7	4.0	0.0
8	4.0	0.1
9	4.0	0.2
10	4.5	0.0

培养基编号	2,4-D 激素水平/(mg/L)	6-BA 激素水平/(mg/L)
11	4.5	0.1
12	4.5	0.2
13	5.0	0.0
14	5.0	0.1
15	5.0	0.2
16	5.5	0.0
17	5.5	0.1
18	5.5	0.2
19	6.0	0.0
20	6.0	0.1
21	6.0	0.2
22	6.5	0.0
23	6.5	0.1
24	6.5	0.2
25	7.0	0.0
26	7.0	0.1
27	7.0	0.2
28	7.5	0.0
29	7.5	0.1
30	7.5	0.2
31	8.0	0.0
32	8.0	0.1
33	8.0	0.2
34	8.5	0.0
35	8.5	0.1

续表

培养基编号	2,4-D 激素水平/(mg/L)	6-BA 激素水平/(mg/L)
36	8.5	0.2
37	9.0	0.0
38	9.0	0.1
39	9.0	0.2
40	9.5	0.0
41	9.5	0.1
42	9.5	0.2

（三）测定项目

（1）种子发芽率=发芽的种子数/接种种子总数×100%。

（2）愈伤组织诱导率=诱导出愈伤组织的外植体数/接种外植体总数×100%。

（3）胚性愈伤组织诱导率=胚性愈伤组织数/接种外植体总数×100%。

二、结果与分析

（一）不同草坪草品种的种子发芽率

4个品种草坪草种子均可以在基本培养基上发芽［图1-1（a）～图1-1（d）］，光照情况下发芽率整体高于暗培养条件下的发芽率［图1-1（e）、图1-1（f）］。在发芽实验中，如表1-2所示：草地早熟禾'优异'种子3～5d开始萌发，5～8d长出幼芽，1周后统计种子发芽率达到92%。高羊茅'爱瑞3号'种子4～5d开始萌发，6～8d长出幼芽，1周后统计种子发芽率达到96%。高羊茅'红宝石'种子5～6d开始萌发，7～8d长出幼芽，1周后统计种子发芽率达到94%。多年生黑麦草'玲珑'种子5～6d开始萌发，

6~8d长出幼芽，1周后统计种子发芽率达到90%。光照情况下发芽率从高到低依次为：高羊茅的'爱瑞3号'、高羊茅的'红宝石'、草地早熟禾的'优异'、多年生黑麦草的'玲珑'。造成发芽率高低各不相同的原因可能是基因型的差异。

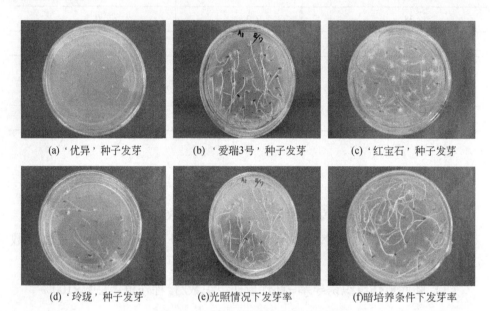

(a) '优异' 种子发芽   (b) '爱瑞3号' 种子发芽   (c) '红宝石' 种子发芽

(d) '玲珑' 种子发芽   (e)光照情况下发芽率   (f)暗培养条件下发芽率

图 1-1　不同草坪草品种的种子发芽

表 1-2　不同草坪草品种的种子发芽率

品种	萌发时间/d	长出幼芽时间/d	发芽率/%
'优异'	3~5	5~8	92±2 Aab
'爱瑞3号'	4~5	6~8	96±2 Aa
'红宝石'	5~6	7~8	94±1.52 Aa
'玲珑'	5~6	6~8	90±1.7 Ab

注：大写字母不同表示在0.01水平上存在极显著差异，小写字母不同表示在0.05水平上存在显著差异。下同

（二）不同种子萌发培养基及培养条件对出芽率的影响

分别选取4个品种草坪草的成熟种子接种到 MS 培养基或 1/2 MS 培养基

上，分别置于光照和暗培养条件下培养，从实验结果看（图1-2、图1-3和表1-3），MS培养基上种子发芽率整体高于1/2 MS培养基上种子发芽率，因此选择MS培养基作为最佳草坪草种子萌发培养基。光照条件下发芽率整体高于暗培养条件下发芽率，但暗培养比光照条件更适宜草坪草种子作为外植体诱导形成愈伤组织。4个品种中高羊茅'爱瑞3号'种子在MS培养基上无论是光照还是暗培养其出芽率都是最高的，可以达到100%。

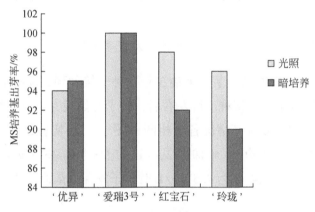

图 1-2　MS 培养基及不同培养条件对出芽率的影响

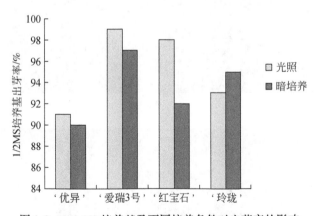

图 1-3　1/2 MS 培养基及不同培养条件对出芽率的影响

表1-3 不同种子萌发培养基及培养条件对出芽率的影响

品种	MS 培养基出芽率/%		1/2 MS 培养基出芽率/%	
	光照	暗培养	光照	暗培养
'优异'	94	95	91	90
'爱瑞3号'	100	100	99	97
'红宝石'	98	92	98	92
'玲珑'	96	90	93	95

（三）不同浓度 2,4-D 对草坪草种子发芽率的影响

将消毒处理过后的高羊茅'爱瑞3号'种子接种到添加有14个浓度梯度 2,4-D 的 MS 培养基上，接种1周左右后，种子开始发芽，含不同梯度 2,4-D 的 MS 培养基上种子发芽率情况各不相同（图1-4）。实验结果表明：高羊茅'爱瑞3号'种子在含有14个梯度 2,4-D 的 MS 培养基中发芽率差别较大，由表1-4可以看出，2,4-D 为 4.5 mg/L 时种子发芽率最高，为 72.83%。

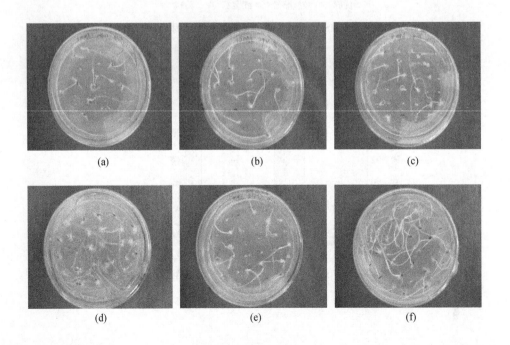

(a)　　　　　　　　(b)　　　　　　　　(c)

(d)　　　　　　　　(e)　　　　　　　　(f)

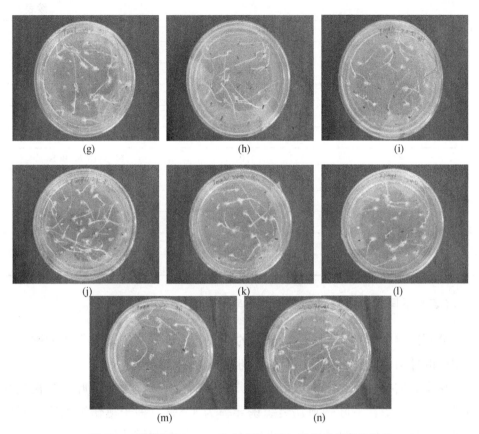

(g)　　　　　　　　　　(h)　　　　　　　　　　(i)

(j)　　　　　　　　　　(k)　　　　　　　　　　(l)

(m)　　　　　　　　　　(n)

图 1-4　不同浓度 2,4-D 对'爱瑞 3 号'种子发芽率的影响

注：a, 2,4-D 为 3.0mg/L 时发芽率；b, 2,4-D 为 3.5 mg/L 时发芽率；c, 2,4-D 为 4.0 mg/L 时发芽率；d, 2,4-D 为 4.5mg/L 时发芽率；e, 2,4-D 为 5.0 mg/L 时发芽率；f, 2,4-D 为 5.5 mg/L 时发芽率；g, 2,4-D 为 6.0 mg/L 时发芽率；h, 2,4-D 为 6.5 mg/L 时发芽率；i, 2,4-D 为 7.0 mg/L 时发芽率；j, 2,4-D 为 7.5 mg/L 时发芽率；k, 2,4-D 为 8.0 mg/L 时发芽率；l, 2,4-D 为 8.5 mg/L 时发芽率；m, 2,4-D 为 9.0 mg/L 时发芽率；n, 2,4-D 为 9.5 mg/L 时发芽率

表 1-4　不同浓度 2,4-D 下'爱瑞 3 号'种子的发芽率

培养基	2,4-D 激素水平/（mg/L）	发芽率/%
1	3.0	49.67±1.53 De
2	3.5	51.67±1.53 Dde
3	4.0	55.33±1.53 Dd

培养基	2,4-D 激素水平/（mg/L）	发芽率/%
4	4.5	72.83±3.01 Aa
5	5.0	64.77±1.57 BCbc
6	5.5	62.17±2.25 Cc
7	6.0	53.67±2.52 Dde
8	6.5	68±2 ABCb
9	7.0	66.33±3.06 BCbc
10	7.5	37.33±3.06 Ef
11	8.0	37±2.31 Ef
12	8.5	55.57±3.25 Dd
13	9.0	69±1 ABab
14	9.5	54.77±3.53 Dd

（四）不同外植体对愈伤组织诱导率的影响

分别选取 4 个品种草坪草无菌苗的叶片、根、下胚轴及种子作为诱导愈伤组织的外植体材料，接到相同的愈伤组织诱导培养基上。

从实验结果看（图 1-5，表 1-5），草地早熟禾'优异'的叶片与根没有诱导出愈伤组织，下胚轴愈伤组织诱导率为 8.5%，种子愈伤组织诱导率为64.5%，胚性愈伤组织诱导率达到 36.5%。愈伤组织继代培养 2 次以后愈伤组织质量较差，多数呈现水渍状，生长缓慢。

高羊茅'爱瑞 3 号'的叶片与根没有诱导出愈伤组织，下胚轴愈伤组织诱导率为 6%，种子愈伤组织诱导率为 87.5%，胚性愈伤组织诱导率最高，达到60.3%。'红宝石'的叶片与根没有诱导出愈伤组织，下胚轴愈伤组织诱导率仅为 5.5%，种子愈伤组织诱导率为 85.5%，胚性愈伤组织诱导率为 59.3%。高羊茅两个品种愈伤组织继代培养 2 次以后愈伤组织多呈浅黄色、颗粒状，结构致密。

多年生黑麦草'玲珑'的叶片与根没有诱导出愈伤组织，下胚轴愈伤组织诱导率为 13.5%，种子愈伤组织诱导率为 86.4%，胚性愈伤组织诱导率为 52.1%。

由表1-5和图1-5可见，成熟种子作为外植体的愈伤组织诱导率与胚性愈伤组织诱导率均较叶片、根和下胚轴高，鉴于实验过程中的简便性，采取草坪草的成熟种子作为外植体。

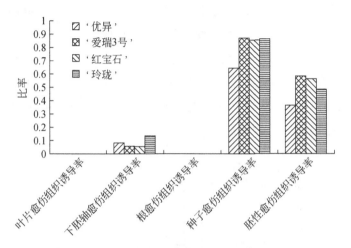

图1-5　不同外植体对愈伤组织诱导率的影响

表1-5　不同外植体对愈伤组织诱导率的影响

品种	叶片愈伤组织诱导率/%	下胚轴愈伤组织诱导率/%	根愈伤组织诱导率/%	种子愈伤组织诱导率/%	胚性愈伤组织诱导率/%
'优异'	0	8.5±0.008 Bb	0	64.5±0.013 Bb	36.5±0.03 Ab
'爱瑞3号'	0	6±0.06 Bb	0	87.5±0.04 Aa	60.3±0.013 Aa
'红宝石'	0	5.5±0.06 Bb	0	85.5±0.025 Aa	59.3±0.03 Bc
'玲珑'	0	13.5±0.15 Aa	0	86.4±0.01 Aa	52.1±0.015 Cd

（五）预处理对愈伤组织诱导的影响

4个草坪草品种经预处理后，接种到愈伤组织诱导培养基上诱导形成愈伤组织，研究了2种处理方法对4种草坪草品种愈伤组织诱导率和污染率的影响（图1-6、图1-7）。采用完全随机设计，分别以4种草坪草愈伤组织诱导率和污染率为考察指标。经统计分析，由图1-6、图1-7可见：与未经浓硫酸处理（处理2）相比，经过浓硫酸预处理（处理1）后的草地早熟禾'优异'种子出愈时间缩短了 11 d 左右，诱导率由 35.1% 上升为 43.7%，同时污染率降低 59.8%。高羊茅'爱瑞 3 号'种子出愈时间缩短了 12 d 左右，诱导率由 39.3% 上升为 58.1%，同时污染率降低 76.5%。高羊茅'红宝石'种子出愈时间缩短了 11 d 左右，诱导率由 32.4% 上升为 48.5%，同时污染率降低 55.2%。多年生黑麦草'玲珑'种子出愈时间缩短了 10 d 左右，诱导率由 37.65% 上升为 54.3%，同时污染率降低 72.3%。处理 1 对 4 种草坪草的污染率的影响较处理 2 达到显著水平（$P<0.05$），但 4 个品种之间未达到显著水平（$P>0.05$），因此，草坪草种子在用 50% 的浓硫酸浸泡并在 200 r/min 的摇床上振荡灭菌 30 min 后效果最好。

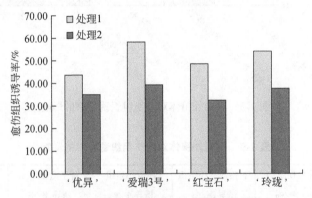

图 1-6　2 种处理对愈伤组织诱导率的影响

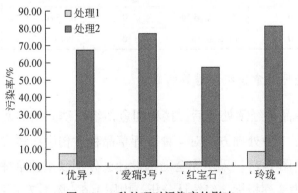

图 1-7　2 种处理对污染率的影响

（六）不同培养条件对愈伤组织诱导的影响

将 4 个品种草坪草成熟种子消毒处理后，接到愈伤组织诱导培养基上，在 16 h 光照周期、(25±1)℃条件下的光照培养箱中或者在黑暗培养条件下培养 20 d 左右，对于不同品种在光照与黑暗条件下对愈伤组织诱导产生的影响的分析，见表 1-6。

表 1-6　不同培养条件对愈伤组织诱导的影响

品种	愈伤组织诱导率/%		胚性愈伤组织诱导率/%	
	光照	暗培养	光照	暗培养
'优异'	74.00	75.50	19.87	35.45
'爱瑞 3 号'	88.45	90.00	29.34	38.29
'红宝石'	83.00	82.00	18.62	26.76
'玲珑'	69.85	70.00	10.67	17.88

由表 1-6 可以看出，光照与暗培养条件下愈伤组织诱导率差别不大，但是黑暗条件下的胚性愈伤组织诱导率比光照条件下的胚性愈伤组织诱导率要高。许多学者也经常采用在黑暗条件下诱导形成愈伤组织的方法（Van der Valk et al., 1989），这是因为草坪草种子在黑暗条件下，会萌发形成很多比较稚嫩的黄化苗，其分生能力较强，也容易诱导形成胚性愈伤组织。因此在实验过程中最佳培养条件为黑暗条件下诱导形成愈伤组织。

（七）不同基因型对愈伤组织诱导的影响

将消毒处理后的草地早熟禾 '优异'、高羊茅 '爱瑞 3 号'、高羊茅 '红宝石' 和多年生黑麦草 '玲珑' 种子接种到愈伤组织诱导培养基上，在愈伤组织诱导阶段，首先在芽基部出现乳白色愈伤组织，接着愈伤组织呈现不同的状态，愈伤组织诱导率和胚性愈伤组织诱导率都有一定的差异（表 1-7）。

表1-7　不同基因型对愈伤组织诱导的影响

品种	愈伤组织诱导率/%	胚性愈伤组织诱导率/%	愈伤组织情况
'优异'	64.5±0.016 Bb	35.7±0.016 Ab	多呈水渍状，结构松散，生长缓慢
'爱瑞3号'	87.5±0.014 Aa	38.3±0.012 Aa	多呈浅黄色、颗粒状，结构致密
'红宝石'	85.5±0.015 Bb	26.8±0.008 Bc	多呈浅黄色、颗粒状，结构致密
'玲珑'	86.5±0.009 bB	17.2±0.015 Cd	多呈深黄色或褐色，生长缓慢

由表1-7可以看出，不同基因型在相同的愈伤组织诱导培养基上表现不同，从愈伤组织诱导率和愈伤组织生长状况来看，高羊茅'爱瑞3号'品种表现最好，愈伤组织诱导率达到87.5%，胚性愈伤组织诱导率最高，达到38.3%，高于其他3种基因型。'红宝石'的愈伤组织诱导率为85.5%，胚性愈伤组织诱导率为26.8%，高羊茅两个品种愈伤组织继代培养2次以后愈伤组织质量较好，多呈浅黄色、颗粒状，结构致密。草地早熟禾'优异'的愈伤组织诱导率为64.5%，胚性愈伤组织诱导率达到35.7%，愈伤组织继代培养2次以后愈伤组织质量较差，多呈水渍状，结构松散，生长缓慢。多年生黑麦草'玲珑'的愈伤组织诱导率为86.5%，胚性愈伤组织诱导率为17.2%，愈伤组织继代培养2次以后愈伤组织质量一般，多呈深黄色或者褐色，生长缓慢。结果表明，高羊茅'爱瑞3号'品种相对于其他3种品种是一个比较好的基因型。

(八) 掐芽次数对愈伤组织诱导产生的影响

将高羊茅'爱瑞3号'种子接种于愈伤组织诱导培养基上，暗培养1周后种子开始长出幼芽，掐去种子基部的幼芽，以诱导形成愈伤组织。在分别掐芽1次、2次、3次之后，统计愈伤组织诱导率，如表1-8结果所示，在愈伤组织诱导过程中，种子长出幼芽之后掐芽3次之后（图1-8）愈伤组织诱导率最高。

表1-8　不同掐芽次数对愈伤组织诱导产生的影响

掐芽次数	愈伤组织诱导率/%
1	50
2	52
3	54

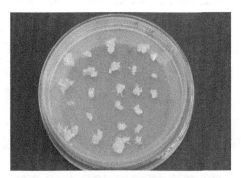

图1-8　掐芽3次后的愈伤组织

（九）不同浓度2,4-D对愈伤组织诱导的影响

将高羊茅'爱瑞3号'种子接种到添加有不同浓度梯度2,4-D的愈伤组织诱导培养基上，添加浓度分别为3.0 mg/L、3.5 mg/L、4.0 mg/L、4.5 mg/L、5.0 mg/L、5.5 mg/L、6.0 mg/L、6.5 mg/L、7.0 mg/L、7.5 mg/L、8.0 mg/L、8.5 mg/L、9.0 mg/L、9.5 mg/L。在愈伤组织诱导阶段，2,4-D为最有效的植物激素（H. F. Van Ark et al.，1991；马忠华等，1999），添加不同梯度2,4-D后在芽基部出现不同情况的乳白色愈伤组织（图1-9）。

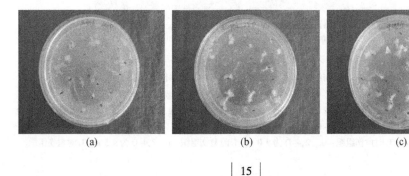

(a)　　　　　　　　(b)　　　　　　　　(c)

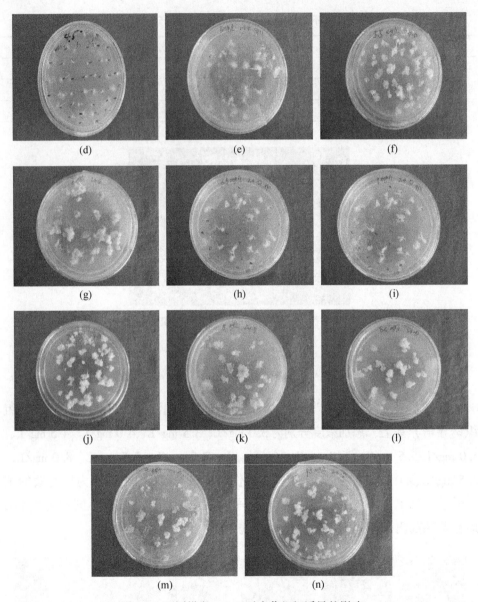

图 1-9　不同梯度 2,4-D 对愈伤组织诱导的影响

注：a，2,4-D 为 3.0 mg/L 时愈伤组织；b，2,4-D 为 3.5 mg/L 时愈伤组织；c，2,4-D 为 4.0 mg/L 时愈伤组织；d，2,4-D 为 4.5 mg/L 时愈伤组织；e，2,4-D 为 5.0 mg/L 时愈伤组织；f，2,4-D 为 5.5 mg/L 时愈伤组织；g，2,4-D 为 6.0 mg/L 时愈伤组织；h，2,4-D 为 6.5 mg/L 时愈伤组织；i，2,4-D 为 7.0 mg/L 时愈伤组织；j，2,4-D 为 7.5 mg/L 时愈伤组织；k，2,4-D 为 8.0 mg/L 时愈伤组织；l，2,4-D 为 8.5 mg/L 时愈伤组织；m，2,4-D 为 9.0 mg/L 时愈伤组织；n，2,4-D 为 9.5 mg/L 时愈伤组织

在愈伤组织诱导过程中，高羊茅'爱瑞3号'种子在培养基中诱导1个月后的愈伤组织呈现透明水渍状，结构松软，非胚性愈伤组织很多。但在继代培养基中继代2次后，多数呈浅黄色、干燥、致密、颗粒状的愈伤组织，胚性愈伤组织增多。

由表1-9和图1-9可以看出，在愈伤组织诱导阶段，2,4-D浓度在3.0~9.5 mg/L时，愈伤组织诱导率随着2,4-D浓度先升高后降低，在2,4-D为5.5 mg/L时愈伤组织诱导率最高，为67%，高于2,4-D浓度为3.0 mg/L时的48%；实验过程中发现，2,4-D浓度在3.0~9.5 mg/L时愈伤组织的生长状态呈现不同状态，随着2,4-D浓度的升高，愈伤组织含水量减少，由湿润变得逐渐干燥，颗粒性增强，长势增快，在2,4-D浓度为5.5 mg/L时愈伤组织多数呈现浅黄色、致密的颗粒状，胚性愈伤组织增多。因此，在愈伤组织诱导阶段，选择在愈伤组织诱导培养基中添加5.5 mg/L 2,4-D最适宜于愈伤组织的诱导。

表1-9　不同梯度2,4-D下'爱瑞3号'种子的愈伤组织诱导率

培养基	2,4-D激素水平/(mg/L)	愈伤组织诱导率/%
1	3	48±2.52 Gg
2	3.5	50±2.08 FGfg
3	4	52±1.53 FGfg
4	4.5	62±2.52 BCbc
5	5	65±1.53 Bb
6	5.5	67±1.53 Aa
7	6	60±1.53 CDcd
8	6.5	58±2.08 DEde
9	7	57±1.53 DEde
10	7.5	48±2.52 Gg
11	8	49±1.53 FGfg
12	8.5	50±1.35 FGg
13	9	53±1.47 EFef
14	9.5	55±1.49 DEde

（十）细胞分裂素 6-BA 对愈伤组织的影响

在愈伤组织诱导阶段，加入细胞分裂素对愈伤组织诱导会起作用。为了优化组织培养条件，在愈伤组织诱导培养基中除了加入生长类激素 2,4-D 外，另外加入 0.0、0.1 mg/L 和 0.2 mg/L 三个梯度的细胞分裂素 6-BA，并设对照作为比较，观察愈伤组织的生长情况。

如表 1-10 所示：与对照组相比，加入 6-BA 的培养基中，高羊茅的愈伤组织诱导率都发生了不同程度的降低，而且在 2,4-D 浓度相同时，随着 6-BA 浓度的升高，愈伤组织诱导率逐渐降低，并且在实验过程中发现，加入 6-BA 以后的愈伤组织呈水渍状，结构松软，非胚性愈伤组织增多，不利于后续愈伤组织分化成苗。6-BA 不是愈伤组织诱导过程中的主要因素，对愈伤组织诱导作用较小，这与丁路明等（2005）的研究结果一致。因此，在愈伤组织诱导阶段，不加入细胞分裂素 6-BA 效果更好。

表 1-10　6-BA 对愈伤组织诱导的影响

激素水平（2,4-D+ 6-BA）/（mg/L）	愈伤组织诱导率/%
2,4-D 3.0+6-BA 0.0	48.00
2,4-D 3.0+6-BA 0.1	25.75
2,4-D 3.0+6-BA 0.2	23.55
2,4-D 3.5+6-BA 0.0	50.00
2,4-D 3.5+6-BA 0.1	25.00
2,4-D 3.5+6-BA 0.2	24.50
2,4-D 4.0+6-BA 0.0	52.00
2,4-D 4.0+6-BA 0.1	43.25
2,4-D 4.0+6-BA 0.2	31.45
2,4-D 4.5+6-BA 0.0	62.00
2,4-D 4.5+6-BA 0.1	40.35
2,4-D 4.5+6-BA 0.2	23.45
2,4-D 5.0+6-BA 0.0	65.00
2,4-D 5.0+6-BA 0.1	34.55

续表

激素水平 (2,4-D+ 6-BA) / (mg/L)	愈伤组织诱导率/%
2,4-D 5.0+6-BA 0.2	28.00
2,4-D 5.5+6-BA 0.0	67.00
2,4-D 5.5+6-BA 0.1	62.50
2,4-D 5.5+6-BA 0.2	45.00
2,4-D 6.0+6-BA 0.0	60.00
2,4-D 6.0+6-BA 0.1	41.65
2,4-D 6.0+6-BA 0.2	38.00
2,4-D 6.5+6-BA 0.0	58.00
2,4-D 6.5+6-BA 0.1	40.00
2,4-D 6.5+6-BA 0.2	33.00
2,4-D 7.0+6-BA 0.0	57.00
2,4-D 7.0+6-BA 0.1	38.85
2,4-D 7.0+6-BA 0.2	29.50
2,4-D 7.5+6-BA 0.0	48.00
2,4-D 7.5+6-BA 0.1	32.65
2,4-D 7.5+6-BA 0.2	27.00
2,4-D 8.0+6-BA 0.0	49.00
2,4-D 8.0+6-BA 0.1	29.00
2,4-D 8.0+6-BA 0.2	25.45
2,4-D 8.5+6-BA 0.0	50.00
2,4-D 8.5+6-BA 0.1	26.85
2,4-D 8.5+6-BA 0.2	20.15
2,4-D 9.0+6-BA 0.0	53.00
2,4-D 9.0+6-BA 0.1	34.35
2,4-D 9.0+6-BA 0.2	26.75
2,4-D 9.5+6-BA 0.0	55.00
2,4-D 9.5+6-BA 0.1	36.65
2,4-D 9.5+6-BA 0.2	27.00

第二节　草坪草愈伤组织分化研究

一、材料与方法

（一）试验内容与方法

试验材料同本章第一节。愈伤组织分化培养基：在 MS 培养基的基础上添加不同种类及配比的激素 6-BA、NAA 和 KT。培养条件：温度 25℃，光周期 16 h/d，3000~4000 lx 光照培养。愈伤组织分化主要步骤如下。

愈伤组织继代 2 次后，挑取淡黄色、致密的颗粒状愈伤组织，转入添加有不同浓度配比的激素的 MS 分化培养基（表 1-11）上，共 20 个不同梯度激素组合，每个组合设置 4 个重复，每个重复接种 50 个外植体。于 25℃光照培养，20 d 继代 1 次，40 d 后统计芽的分化状况并计算愈伤组织的分化率。

表 1-11　愈伤组织分化培养基

培养基	激素水平/（mg/L）		
	6-BA	KT	NAA
1	0	0	0
2	0	1	0
3	0	2	0
4	0	3	0
5	1	0	0
6	1	1	0
7	1	2	0
8	1	3	0
9	2	0	0

培养基	激素水平/(mg/L)		
	6-BA	KT	NAA
10	2	1	0
11	2	2	0
12	2	3	0
13	3	0	0
14	3	1	0
15	3	2	0
16	3	3	0
17	2	0	0.5
18	2	0	1
19	2	0	1.5
20	2	0	2

（二）测定项目

愈伤组织的分化率=分化出芽的愈伤组织数/接种的愈伤组织数×100%。

二、结果与分析

在愈伤组织分化过程中，细胞分裂素起着关键作用。为了确定愈伤组织分化培养基的最适添加细胞分裂素种类和浓度，将胚性愈伤组织接种于添加有不同梯度6-BA和KT组合的分化培养基上，在光照16 h/d的条件下，培养30 d后，不同激素配比影响下的愈伤组织不同程度地分化出绿点或者绿芽（图1-10）。

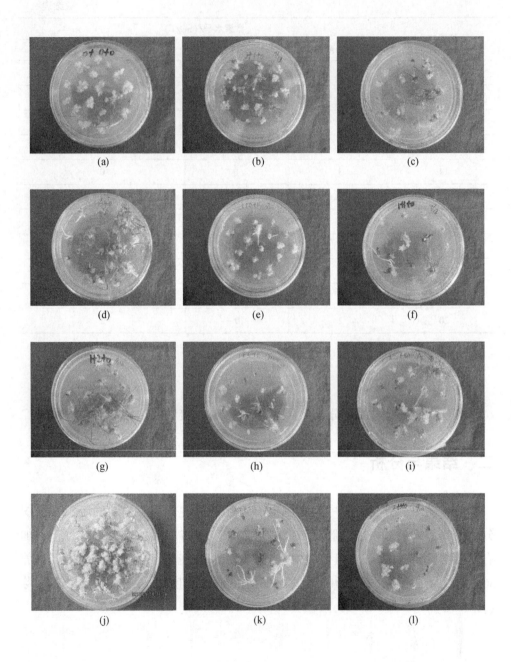

(a)   (b)   (c)

(d)   (e)   (f)

(g)   (h)   (i)

(j)   (k)   (l)

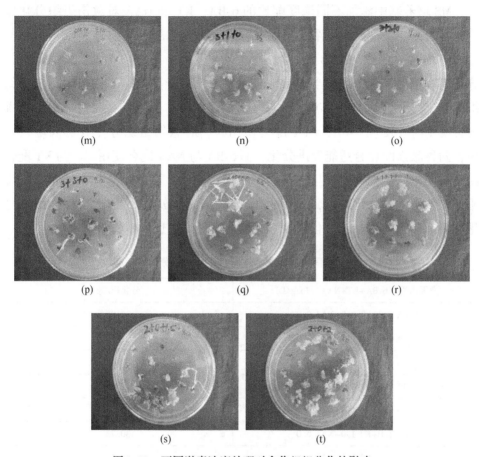

图 1-10 不同激素浓度处理对愈伤组织分化的影响

注：a, 6-BA 0.0+KT 0.0+NAA 0.0 愈伤组织分化；b, 6-BA 0.0+KT 1.0+NAA 0.0 愈伤组织分化；
c, 6-BA 0.0+KT 2.0+NAA 0.0 愈伤组织分化；d, 6-BA 0.0+KT 3.0+NAA 0.0 愈伤组织分化；e, 6-BA
1.0+KT 0.0+NAA 0.0 愈伤组织分化；f, 6-BA 1.0+KT 1.0+NAA 0.0 愈伤组织分化；g, 6-BA 1.0+KT
2.0+NAA 0.0 愈伤组织分化；h, 6-BA 1.0+KT 3.0+NAA 0.0 愈伤组织分化；i, 6-BA 2.0+KT 0.0+
NAA 0.0 愈伤组织分化；j, 6-BA 2.0+KT 1.0+NAA 0.0 愈伤组织分化；k, 6-BA 2.0+KT 2.0+NAA 0.0
愈伤组织分化；l, 6-BA 2.0+KT 3.0+NAA 0.0 愈伤组织分化；m, 6-BA 3.0+KT 0.0+NAA 0.0 愈伤组
织分化；n, 6-BA 3.0+KT 1.0+NAA 0.0 愈伤组织分化；o, 6-BA 3.0+KT 2.0+NAA 0.0 愈伤组织分化；
p, 6-BA 3.0+KT 3.0+NAA 0.0 愈伤组织分化；q, 6-BA 2.0+KT 0.0+NAA 0.5 愈伤组织分化；r, 6-BA
2.0+KT 0.0+NAA 1.0 愈伤组织分化；s, 6-BA 2.0+KT 0.0+NAA 1.5 愈伤组织分化；t, 6-BA 2.0+KT
0.0+NAA 2.0 愈伤组织分化。激素水平单位为 mg/L

　　MS 培养基中添加不同浓度配比的 6-BA、KT 和 NAA 对愈伤组织分化成苗有显著影响。不同激素浓度配比对愈伤组织分化的影响如表 1-12 所示：与对照组相比，当 KT 或 6-BA 单独使用，且浓度小于 3.0 mg/L 时，愈伤组织的分化率有不同程度提高，当 KT 或 6-BA 的浓度大于等于 3.0 mg/L 时，愈伤组织的分化率开始下降并且出现不同程度褐化现象；当两种不同的细胞分裂素配合使用时，发现 6-BA 与 KT 配合使用时，对愈伤组织分化有协同增效作用，两种激素配比合适能促进分化，而 6-BA 与 NAA 配合使用时，与 KT 配合使用时相比分化率较低，且愈伤组织呈现水渍状，不容易分化出绿苗。这说明，在愈伤组织分化阶段，2.0 mg/L 6-BA+1.0 mg/L KT 最适合愈伤组织分化，30 d 后，愈伤组织分化出绿芽，分化率最高可达到 69.87%。

表 1-12　不同浓度配比的激素对愈伤组织分化率的影响

激素水平（6-BA+KT+NAA）/（mg/L）	分化率/%
6-BA 0.0+KT 0.0+NAA 0.0	22.85
6-BA 0.0+KT 1.0+NAA 0.0	31.56
6-BA 0.0+KT 2.0+NAA 0.0	59.68
6-BA 0.0+KT 3.0+NAA 0.0	49.46
6-BA 1.0+KT 0.0+NAA 0.0	25.65
6-BA 1.0+KT 1.0+NAA 0.0	30.73
6-BA 1.0+KT 2.0+NAA 0.0	48.32
6-BA 1.0+KT 3.0+NAA 0.0	31.47
6-BA 2.0+KT 0.0+NAA 0.0	43.92
6-BA 2.0+KT 1.0+NAA 0.0	69.87
6-BA 2.0+KT 2.0+NAA 0.0	40.36
6-BA 2.0+KT 3.0+NAA 0.0	23.45
6-BA 3.0+KT 0.0+NAA 0.0	30.68
6-BA 3.0+KT 1.0+NAA 0.0	34.36
6-BA 3.0+KT 2.0+NAA 0.0	28.64
6-BA 3.0+KT 3.0+NAA 0.0	10.65

续表

激素水平（6-BA+KT+NAA)/（mg/L）	分化率/%
6-BA 2.0+KT 0.0+NAA 0.5	42.35
6-BA 2.0+KT 0.0+NAA 1.0	62.54
6-BA 2.0+KT 0.0+NAA 1.5	60.34
6-BA 2.0+KT 0.0+NAA 2.0	41.65

第三节　草坪草生根移栽研究

一、材料与方法

（一）试验内容与方法

试验材料同本章第一节。再生植株生根培养基：在1/2 MS 培养基的基础上添加激素 IBA 和 NAA。培养条件：温度25℃，光周期16 h/d，3000～4000 lx 光照培养。

（1）再生植株生根。取生长良好、高度2～3 cm 的长有绿色分化丛芽的愈伤组织，移入添加有 0.1 mg/L、0.3 mg/L、0.5 mg/L、1.0 mg/L、1.5 mg/L、2.0 mg/L 的 IBA 或者 NAA 及不同浓度蔗糖的1/2 MS 生根培养基中，在光照条件下进行生根培养，培养基中蔗糖浓度设定为10 mg/L、20 mg/L、30 mg/L，待根的长度长到3～5 cm 进行移栽。20 d 后观察再生植株的生根状况并计算再生植株的生根率。

（2）再生植株移栽。在生根培养基中培养15 d 左右的再生植株会有大量不定根产生，待生根完全后，先打开瓶盖炼苗2～3 d，炼苗期间每天添加蒸馏水或者自来水于培养基上，炼苗后待苗完全适应之后进行移栽，小心将无菌再生小苗用镊子取出，用流水仔细冲洗去除根部培养基，放于提前灭好菌的土：营养土=1：1的花盆中，应注意浇水保湿，置于25℃、光照16 h/d 的温室中生长。

（二）测定项目

再生植株的生根率=生根的再生植株/移入的再生植株总数×100%。

二、结果与分析

（一）不同激素及蔗糖浓度处理对再生植株生根率的影响

高羊茅在不添加任何激素的培养基上就可以生根，但是为了提高生根率以及缩短生根时间，本实验将分化出的再生植株小苗分别转入含有不同浓度激素 IBA 的 1/2 MS 培养基上，生根培养基中加入 IBA，会对再生植株的生根产生一定的影响（图 1-11）。另外蔗糖是组织培养中常用的碳源，也是提供能量的来源，还起到渗透势稳定剂的作用（谭文澄和戴策刚，1991）。在高羊茅生根过程中，从表 1-13 中可以看出，IBA 浓度为 0.1 mg/L、蔗糖浓度为 10 g/L时生根时间较长，生根率也较低 ［图 1-12（a）］；在 IBA 浓度为 0.3 mg/L、蔗糖浓度为 20 g/L 时，培养 2 周左右生根率可以达到 100%，生根所需时间也较短，容易产生大量须根 ［图 1-12（e）］。另外由表 1-14 可以看出，加入

 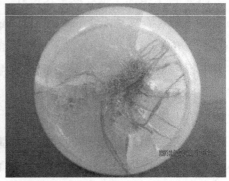

(a)转基因再生植株　　　　　　　　　　　(b)再生植株的根系

图 1-11　转基因再生植株的生根

IBA 相比不加激素可以提高生根率。因此在生根时选择在培养基中添加 0.3 mg/L IBA、20 g/L 蔗糖可以提高再生植株的生根率，缩短生根时间。

表 1-13　不同浓度 IBA 和 NAA 及蔗糖浓度对再生植株生根率的影响

培养基类型	IBA/(mg/L)	蔗糖/(g/L)	生根时间/d	生根率/%
1/2MS	0.1	10	24	86
1/2MS	0.3	10	22	100
1/2MS	0.5	10	21	98
1/2MS	1.0	10	23	96
1/2MS	1.5	10	22	90
1/2MS	2.0	10	25	80
1/2MS	0.1	20	20	90
1/2MS	0.3	20	16	100
1/2MS	0.5	20	17	97
1/2MS	1.0	20	18	95
1/2MS	1.5	20	20	92
1/2MS	2.0	20	22	91
1/2MS	0.1	30	23	88
1/2MS	0.3	30	22	96
1/2MS	0.5	30	23	94
1/2MS	1.0	30	25	87
1/2MS	1.5	30	23	80
1/2MS	2.0	30	25	76

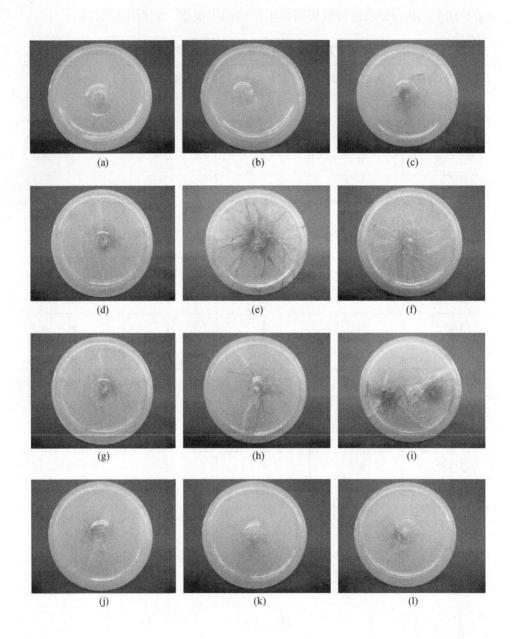

(a)　　　　　　　　(b)　　　　　　　　(c)

(d)　　　　　　　　(e)　　　　　　　　(f)

(g)　　　　　　　　(h)　　　　　　　　(i)

(j)　　　　　　　　(k)　　　　　　　　(l)

(m)   (n)   (o)

图 1-12　不同激素及蔗糖浓度处理对再生植株生根率的影响

注：a，IBA 为 0.1 mg/L、蔗糖为 10 g/L 时生根；b，IBA 为 0.1 mg/L、蔗糖为 20 g/L 时生根；c，IBA 为 0.1 mg/L、蔗糖为 30 g/L 时生根；d，IBA 为 0.3 mg/L、蔗糖为 10 g/L 时生根；e，IBA 为 0.3 mg/L、蔗糖为 20 g/L 时生根；f，IBA 为 0.3 mg/L、蔗糖为 30 g/L 时生根；g，IBA 为 0.5 mg/L、蔗糖为 10 g/L 时生根；h，IBA 为 0.5 mg/L、蔗糖为 20 g/L 时生根；i，IBA 为 0.5 mg/L、蔗糖为 30 g/L 时生根；j，IBA 为 1.0 mg/L、蔗糖为 10 g/L 时生根；k，IBA 为 1.0 mg/L、蔗糖为 20 g/L 时生根；l，IBA 为 1.0 mg/L、蔗糖为 30 g/L 时生根；m，IBA 为 1.5 mg/L、蔗糖为 10 g/L 时生根；n，IBA 为 1.5 mg/L、蔗糖为 20 g/L 时生根；o，IBA 为 1.5 mg/L、蔗糖为 30 g/L 时生根

表 1-14　不同浓度 IBA 和 NAA 对再生植株生根率的影响

培养基类型	IBA/(0.3 mg/L)	NAA/(1.0 mg/L)	生根率/%
1/2MS	−	−	80
1/2MS	−	−	65
1/2MS	−	−	55
1/2MS	+	−	90
1/2MS	+	−	75
1/2MS	+	−	60
1/2MS	−	+	75
1/2MS	−	+	55
1/2MS	−	+	50

注："+"表示加入此物质，"−"表示没有加入

（二）再生植株的移栽

在生根培养基中培养 15 d 左右的再生植株会有大量不定根产生，待生根完全后，先打开瓶盖炼苗 2～3 d，炼苗期间每天添加蒸馏水或者自来水于培养基上，炼苗后待苗完全适应之后进行移栽。小心将无菌再生小苗用镊子取出，用流水仔细冲洗去除根部培养基，放于提前灭好菌的土：营养土=1：1 的花盆中，应注意浇水保湿，置于 25℃、光照 16 h/d 的温室中生长（图 1-13）。

(a)　　　　　　　　　　　　　(b)

(c)　　　　　　　　　　　　　(d)

图 1-13　转基因再生植株移栽

注：a，再生植株；b、c，再生植株的不同盆栽；d，再生植株移栽后的成活苗

第四节　结论与讨论

（一）不同外植体及基因型对高羊茅愈伤组织诱导率的影响

有报道认为，基因型、外植体种类影响大多数植物的再生体系，一个高效再生体系只适用于有限的几种特定基因型及外植体的类型（Wang et al.，2001；Przetakiewice et al.，2003）。高羊茅组织培养中，愈伤组织诱导率和外植体的选择有紧密的联系。高羊茅品种一般都是通过几个母系的杂交得到的综合品种，其遗传背景复杂、杂合性强，这种遗传的多样性不仅存在于品种间、品种内，甚至每个种子之间都存在着遗传差异（Bai and Qu，2000）。这将影响愈伤组织诱导率和植株再生率，也就为建立适宜的再生体系增加了难度（Bai and Qu，2000）。在草坪草中常用成熟种子作为外植体诱导胚性愈伤组织（柴明良，2002）。种子和胚取材方便，不受季节条件限制，数量也可保证（柳建军等，1996）。

从本书实验结果来看，作为外植体，成熟种子的愈伤组织诱导率与胚性愈伤组织诱导率均较叶片、根和下胚轴高。因此，对于草坪草来说，以成熟种子作为外植体效率更高、效果更好，也同时验证了不同外植体对于愈伤组织诱导有着比较明显的影响。一些报道反映不同基因型适宜的愈伤组织诱导植物生长调节剂有互作关系（Bai and Qu，2000；余桂红等，2004），基因型的差异导致草地早熟禾再生体系建立过程中存在众多不同的表现形式，如形成胚性愈伤组织的状态不同等（Van der Valk et al.，1989），关于基因型产生的差异已有不同程度的报道（Jeffrey，1995）。特定基因型最佳再生体系的建立，对于其他基因型的再生体系建立工作也具有一定的指导意义。

（二）不同浓度生长类激素 2,4-D 及细胞分裂素 6-BA 对愈伤组织诱导的影响

在植物的愈伤组织诱导阶段，2,4-D 的存在起着至关重要的作用。生长激素 2,4-D 作为一种植物生长调节剂对于外植体的诱导效果非常好，在许多

植物的组织培养过程中的愈伤组织诱导阶段选用较多。在诱导培养基中添加激动素（KT）（何勇等，2005）、水解酪蛋白（Bai and Qu，2001；Ashok and Qu，2000）、脱落酸（ABA）（Ashok and Qu，2000）、NAA（Ashok and Qu，2000）和塞本隆（TDZ）（Ashok and Qu，2000）对愈伤组织呈诱导影响不显著。何阳鹏和于海涛（2003）的研究表明，培养基中除2,4-D外再加入6-BA，使愈伤组织诱导率明显降低。由此可见，6-BA对高羊茅的愈伤组织诱导有一定的抑制作用。因此，本研究在愈伤组织诱导培养基中仅添加2,4-D作为愈伤组织诱导阶段的植物生长调节剂，并建议在今后研究中，无论以高羊茅的哪一部分为外植体，愈伤组织诱导培养基中最好只添加一种生长调节物质2,4-D。

Bai 和 Qu（2000）采用高羊茅'Coronado'的完整种子作为外植体，在愈伤组织诱导阶段添加不同浓度2,4-D（2 mg/L、5 mg/L 和 9 mg/L），发现其较优的愈伤组织诱导培养基为 MS+2,4-D 9 mg/L，愈伤组织诱导率为19%。Bai 和 Qu（2001）在高羊茅'Coronado'品种的再生体系建立中首次使用纵切的方法处理成熟的高羊茅种子，在2,4-D浓度为5 mg/L时，纵切后种子的诱导率（57.3%）是完整种子（14.7%）的约4倍。高丽美等（2001）用高羊茅完整种子诱导愈伤组织的研究结果表明，在2 mg/L、5 mg/L、7 mg/L、9 mg/L 和12 mg/L 2,4-D 中，适宜愈伤组织诱导的培养基也为 MS+2,4-D 9 mg/L，但愈伤组织诱导率高达68.08%。本研究表明高羊茅的成熟种子对2,4-D的浓度反应幅度很宽，在3~9.5 mg/L浓度范围内都能诱导出愈伤组织，2,4-D浓度在3.0~9.5 mg/L时，愈伤组织诱导率随着2,4-D浓度先升高后降低，在2,4-D为5.5 mg/L时愈伤组织诱导率最高，为67%，诱导出的愈伤组织多数呈现浅黄色、致密的颗粒状，状态最佳。这与Zhao等（2007）的研究结果一致。本研究适宜的2,4-D浓度（5.5 mg/L）与前人报道不一致，而愈伤组织诱导率与已报道的结果相当，造成这一结果的原因一方面可能是不同的高羊茅品种愈伤组织诱导所需要的2,4-D浓度不同，另一方面也可能是因为实验设计的水平间距较小（0.5 mg/L），2,4-D浓度范围较宽（3~9.5 mg/L），因此能够筛选到更适宜、更准确的2,4-D浓度。

（三）不同激素浓度处理对高羊茅愈伤组织分化的影响

MS 培养基中添加不同浓度配比的 6-BA、KT 和 NAA 对愈伤组织分化成苗有显著影响。Bai 和 Qu（2001）在研究高羊茅'Coronado'诱导愈伤的再生体系时发现，MS+2.5 mg/L 6-BA 的愈伤组织分化率达到 33.1%。

本研究结果表明，与对照组相比，当 KT 或 6-BA 单独使用，且浓度小于 3.0 mg/L 时，愈伤组织的分化率有不同程度提高，当 KT 或 6-BA 的浓度大于等于 3.0 mg/L 时，愈伤组织的分化率开始下降并且出现不同程度褐化现象。实验过程中虽然增加细胞分裂素含量能提高高羊茅愈伤组织的分化率，但细胞分裂素的含量也不宜过高，否则会导致再生幼苗生长过快，根生长受到抑制，再生植株成活率降低。在愈伤组织分化阶段，两种不同的细胞分裂素配合使用，有可能对愈伤组织分化有协同增效作用，2.0 mg/L 6-BA+1.0 mg/L KT 最适合愈伤组织分化，而 6-BA 与 NAA 配合使用时，与 KT 配合使用时相比分化率较低，且愈伤组织呈现水渍状，不容易分化出绿苗。

（四）不同激素及蔗糖浓度处理对高羊茅再生植株生根率的影响

蔗糖是组织培养中常用的碳源，也是提供能量的来源，还起到渗透势稳定剂的作用。高浓度蔗糖能在一定程度上抑制非胚性愈伤组织的生长，促进胚性愈伤组织形成（胡章华等，2003）。本研究表明在 IBA 浓度为 0.3 mg/L、蔗糖浓度为 20 g/L 时，培养 2 周左右高羊茅生根率可以达到 100%，生根所需时间也较短，容易产生大量须根。其原因可能是高浓度蔗糖和琼脂对愈伤组织产生了一种水分或营养胁迫，或者引起愈伤组织透气性的增加，从而促进其植株再生（于晓等，1999；杨跃生和简玉瑜，1995）。

参 考 文 献

柴明良. 2002. 草坪草转基因研究进展. 科技通报，18（1）：73-74.

丁路明，龙瑞军，王长庭. 2005. 肯塔基草地早熟禾愈伤组织的诱导及再生体系的建立. 中国草地，27（3）：31-36.

高丽美，徐子勤，张永彦，等. 2001. 高羊茅组织培养再生体系及 *GUS* 基因瞬间表达研究. 西北植物学报, 25 (1): 40-45.

何阳鹏, 于海涛. 2003. 不同种胚及激素处理对高羊茅愈伤组织诱导的影响. 安徽农业科学, 31 (3): 371-374.

何勇, 田志红, 郑思璇. 2005. 高羊茅成熟胚离体培养及高频植株再生. 草业科学, 22 (6): 23-29.

胡章华, 陈火庆, 吴关庭, 等. 2003. 百慕大成熟胚的组织培养及植株再生. 草业学报, 12 (1): 85-89.

柳建军, 于洪欣, 冯兆礼. 1996. 小麦成熟胚愈伤组织诱导及分化的研究. 山东农业大学学报, 27 (4): 83-86.

马忠华, 张云芳, 徐传祥, 等. 1999. 早熟禾的组织培养和基因枪介导的基因转化体系的初步建立. 复旦学报 (自然科学版), 10: 540-544.

谭文澄, 戴策刚. 1991. 观赏植物组织培养技术. 北京: 中国林业出版社.

杨跃生, 简玉瑜. 1995. 脱水处理对水稻组织培养植株再生的高效调控作用//《农业科学集刊》编辑委员会. 农业科学集刊第二集 (农作物原生质体培养专辑). 北京: 中国农业出版社.

于晓, 朱桢, 付志明, 等. 1999. 提高小麦愈伤组织分化频率的因素. 植物生理学报, 25: 388-394.

余桂红, 马鸿翔, 余建明, 等. 2004. 草坪型高羊茅成熟种子胚性愈伤组织诱导及植株再生. 江苏农业学报, 20 (1): 38-43.

Ashok C, Qu R. 2000. Somatic embryogenesis and plant regeneration of turf-type bermudag rass: effect of 6-benzyl adenine in callus induction medium. Plant Cell, Tissue and Organ Culture, 60: 113-120.

Bai Y, Qu R. 2000. An evaluation on callus induction and plant regeneration of 25 turf-type tall fescue (*Festuca arundinacea* Schreb.) cultivars. Grass and Forage Science, 55: 326-330.

Bai Y, Qu R. 2001. Factors influencing tissue culture responses of mature seeds and immature embryos in turf-type tall fescue. Plant Breeding, 120: 239-242.

Barnes R F. 1990. Importance and problems of tall fescue//Kasperbauer M J. Biotechnology in Tall Fescue Improvement. Boca Raton: CRC Press.

Jeffrey D. 1995. High-frequency plant regeneration from seed derived callus cultures of Kentucky Bluegrass (*Poa pratensis* L.) . Plant Cell Report, 14: 721-724.

Przetakiewice A, Orczyk W, Nadolaska-Orczyk A. 2003. The effect of auxin on plant regeneration of wheat, barely and triticale . Plant Cell, Tissue and Organ Culture, 73: 245-256.

Van Ark H F, Zaal M A C M, Creemers-Molenaar J, et al. 1991. Improvement of the tissue culture response of seed-derived callus cultures of *Poa pratensis* L. : effect of gelling agent and abscisic acid. Plant Cell, Tissue and Organ Culture, 27: 275-280.

Van der Valk P, Zaal M A C M, Creemers-Molenaar J. 1989. Somatic embryogenesis and plant regeneration in inflorescence and seed derived callus cultures. Plant Cell Report, 7: 644-647.

Wang Z Y, Andrew H, Rouf M . 2001. Forage and turf grass biotechnology. Critical Review in Plant Science, 20 (6): 573-619.

Zhao J S, Zhi D Y, Xue Z Y, et al. 2007. Enhanced salt tolerance of transgenic progeny of tall fescue (*Festuca arundinacea*) expressing a vacuolar Na^+/H^+ antiporter gene from *Arabidopsis*. Journal of Plant Physiology, 04: 1377-1383.

第二章 高羊茅遗传转化体系的建立

高羊茅遗传转化技术主要有 PEG 法、基因枪法和农杆菌法。关于农杆菌介导高羊茅遗传转化方面的研究已取得一些进展（Lakkaraju et al.，2001；Bettany et al.，2003）。农杆菌介导的遗传转化方法具有转化效率高、操作简便、费用低廉、转基因拷贝数低、能够转化大片段 DNA 等优点。在高羊茅的转基因研究中，以胚性愈伤组织为受体材料，采用农杆菌介导法进行遗传转化来进行高羊茅品种的改良具有重要意义。

第一节 农杆菌最佳侵染浓度、侵染时间和共培养方式的确定

本研究以高羊茅的成熟种子为外植体诱导高羊茅胚性愈伤组织作为受体材料，建立适用于农杆菌介导的转基因组织培养体系，并将由诱导型启动子 *rd29A* 驱动的质膜 Na^+/H^+ 反向转运蛋白基因 *SOS1*、*SOS2*、*SOS3*、*SCaBP8* 和筛选基因 *Bar* 导入高羊茅中，研究不同影响因素对农杆菌介导的遗传转化的影响，建立农杆菌介导的高羊茅遗传转化体系，为高羊茅的基因工程育种与遗传改良奠定基础。

一、材料与方法

（一）植物材料

供试材料为目前常见草坪草栽培品种：高羊茅的'爱瑞 3 号'、高羊茅的

'红宝石'。种子均由中国草业公司提供。

（二）质粒载体及菌株

多基因植物表达载体 pSOS 结构示意图 *SOS1-SOS2-SOS3-SCaBP8-Bar*，由中国农业大学植物生物化学与分子生物学重点实验室郭岩老师研究小组构建，含目的基因的根癌农杆菌工程菌株 GV3101 在遗传育种技术实验室于−70℃保存备用。载体图谱如图 2-1 所示。

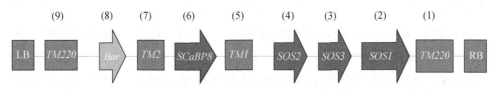

图 2-1　多基因植物表达载体 pSOS 示意图

注：从 LB 左边界到 RB 右边界的基因分别为 *TM220*、*Bar*（phosphinothricin acetyltransferase）、*TM2*、*SCaBP8*、*TM1*、*SOS2*、*SOS3*、*SOS1*、*TM220*。*TM1*、*TM2* 和 *TM220* 是 MAR 序列，可以克服基因沉默，提高转基因的表达水平

（三）试验内容及方法

（1）种子预处理。选取成熟的大而饱满的草坪草种子，去掉致病发黑的种子，挑选干净完整健康的种子置于三角瓶中，先用 50% 的浓硫酸浸泡草坪草种子，在 200 r/min 的摇床上振荡灭菌 30 min，然后用自来水冲洗 5~7 次，再次去掉漂浮在水面上的种子，后将草坪草种子置于 4℃冰箱中过夜处理。

（2）种子的灭菌。将预处理后草坪草种子，先用 75% 的乙醇振荡灭菌 1 min，再用 0.1% 氯化汞振荡灭菌 10 min，最后用无菌蒸馏水冲洗 5~7 次，置于无菌滤纸上吸干水分后将无菌草坪草种子接种到 MS 培养基于 25℃暗培养 7 d 左右。

（3）外植体与受体材料的准备。选取消毒灭菌后的成熟种子作为诱导产生愈伤组织的外植体材料，接种到愈伤组织诱导培养基上诱导产生愈伤组织。选取继代 2 次之后的呈浅黄色、颗粒状、结构致密的愈伤组织作为带有目的基因农杆菌侵染的受体材料。

（4）农杆菌菌液的制备。将保存在-70℃冰箱中的农杆菌菌液取出，从携带目的基因的多基因植物表达载体 pSOS、pSOS-p19、pABA 的农杆菌菌液中蘸取少量菌液，在含有 50 mg/L Kan、50 mg/L Eth、10 mg/L Gen、5 mg/L Tc 的 LB 固体培养基上划线培养农杆菌（GY41 的菌液在含有 50 mg/L Kan 的 LB 固体培养基上划线培养农杆菌），放置于 28℃暗培养的条件下倒置培养 36～48 h，直径约为 1 mm 大小的单菌落为农杆菌。用无菌的枪头将单菌落置于 5 ml 含相应抗生素 LB 液体培养基的离心管中，封口后在 28℃、200 r/min 的条件下振荡约 18 h，可以使菌液的 OD_{600} 达到 0.6～0.8；再取 1 ml 菌液接种于 50 ml 的 LB 液体培养基中，再在 28℃、180 r/min 的条件下振荡 7～8 h，此时菌液的 OD_{600} 约为 0.6，将菌液倒入 50 ml 的无菌离心管中低温离心，4000 r/min，10 min，去除上清液，加入等体积的 WCC 液体培养基重悬农杆菌，备用。

（5）侵染浓度的测定。用无菌的枪头将单菌落置于 5 ml 含相应抗生素 LB 液体培养基的离心管中，封口后在 28℃、200r/min 的条件下振荡，将振荡时间设置为 16h、17h、18h、19h 四个梯度，可以使菌液的 OD_{600} 达到 0.6～0.8，用分光光度计测定菌液在 600 nm 处的吸光值；再分别取 1ml 菌液接种于 50 ml 的 LB 液体培养基中，再在 28℃、180 r/min 的条件下振荡，振荡时间设置为 6h、7h、8h、9 h 四个梯度，测定此时菌液的 OD_{600}。

（6）农杆菌最佳侵染浓度的确定。将继代 2 次后呈浅黄色、结构致密、颗粒状的愈伤组织在超净工作台上用无菌的镊子夹取到无菌的三角瓶中，并将愈伤组织逐一用无菌镊子掐为大小一致、有伤口的愈伤组织作为农杆菌侵染的受体材料，加入已经制备好的农杆菌菌液，以 OD_{600} 为 0.6～0.8 的农杆菌进行侵染，农杆菌菌液浓度设置为四个梯度，其 OD_{600} 分别为 0.5、0.6、0.7、0.8，侵染后将愈伤组织接到未添加除菌剂头孢霉素（Cef）的愈伤组织诱导培养基上，培养 20 d，在这个过程中观察并记录农杆菌的侵染和生长状况。

（7）农杆菌最佳侵染时间的确定。将继代 2 次后呈浅黄色、颗粒状、结构致密的愈伤组织在超净工作台上用无菌的镊子夹取到无菌的三角瓶中，加入已经制备好的 OD_{600} 为 0.6 ~ 0.8 的农杆菌菌液进行侵染，侵染时间设定为 10 min、15 min、20 min、25 min、30 min、35 min 六个梯度，其间不断缓慢振荡使愈伤组织与农杆菌充分接触，侵染后将愈伤组织接到未添加 Cef 的愈伤组织诱导培养基上，培养 20 d，在这个过程中观察并记录农杆菌的侵染和生长状况。

（8）共培养。在农杆菌最佳侵染浓度和时间确定后，将侵染过后的愈伤组织采用滤纸或者培养基的方式进行共培养，其中以滤纸方式进行共培养时滤纸张数设定为 1 张、2 张、3 张，以培养基方式进行共培养时选择 MS 培养基或者 1/2 MS 培养基的方式进行农杆菌和愈伤组织的共培养，培养条件为 25℃暗培养。共培养的时间设置为 1 d、2 d、3 d、4 d，在共培养后，将愈伤组织转接到含有除菌剂 Cef 的愈伤组织诱导培养基上，培养 20 d，观察愈伤组织和农杆菌的生长状况。

（9）恢复除菌。将共培养过后的愈伤组织先用无菌水冲洗 2 ~ 3 次，将冲洗过后的愈伤组织在无菌滤纸上吸干水分，整齐地转移至固体除菌恢复筛选培养基上进行除菌筛选，暗培养 4 周左右，然后选择生长明显没有褐化的愈伤组织，转入相同的筛选培养基中进行第二次筛选培养。

（10）培养基及培养条件。共培养培养基（WCC 液体培养基）：1/10 MS 添加麦芽糖 4%，葡萄糖 1%，2,4-D 0.5 mg/L，$MgCl_2$ 0.75 g/L，MES 1.95 g/L，picloram 2.2 mg/L，acetosyringone 39 mg/L，CH 500 mg/L，pH 5.4。农杆菌培养所用的 LB 固体培养基：酵母提取物 5 g/L，蛋白胨 10 g/L，NaCl 10 g/L，pH 7.0，添加琼脂 15 g/L。

二、结果与分析

（一）农杆菌最佳侵染浓度的确定

用根癌农杆菌菌株 GV3101 制备成的菌液侵染高羊茅胚性愈伤组织，将侵染时间固定为 20 min，加入已经制备好的农杆菌菌液，以 OD_{600} 为 0.6～0.8 的农杆菌进行侵染，农杆菌菌液浓度设置为四个梯度，其 OD_{600} 分别为 0.5、0.6、0.7、0.8 侵染后共培养 3d，然后将愈伤组织接到未添加除菌剂 Cef 的愈伤组织诱导培养基上，培养 20 d。结果如表 2-1 所示：当 OD_{600} 在 0.6 左右时愈伤组织转化频率较高，随着菌液浓度的增大，获得阳性愈伤组织的频率逐渐增大，但有一定限度，OD_{600} 达 2.0 时增至上限，而菌液浓度过高或过低对转化频率都会有较大影响。菌液浓度被认为是决定农杆菌介导植物遗传转化能否成功的关键因素之一，菌液浓度过低，农杆菌细胞数不足，使得转化频率较低；农杆菌菌液浓度过高，农杆菌过度繁殖，对植物细胞造成严重伤害，也会导致转化频率降低。所以，用于侵染受体材料的菌液浓度应当保持在适宜的范围之内，在能够获得最高转化频率的前提下，菌液浓度应当尽可能低一些。从实验结果看，农杆菌介导的高羊茅胚性愈伤组织遗传转化时，OD_{600} 控制在 0.6 左右为最佳侵染浓度。

表 2-1　不同浓度农杆菌侵染高羊茅愈伤组织的转化频率

OD_{600}	愈伤组织转化频率/%
0.5	53.3
0.6	58.8
0.7	57.9
0.8	54.7
1.0	51.4
2.0	36.1

（二）农杆菌最佳侵染时间的确定

农杆菌过夜培养至 OD_{600} 为 0.5～0.6，在室温下 4000 r/min 离心 10 min，弃上清液，然后用液体培养基重悬，将继代 3 次之后的愈伤组织在超净工作台上用无菌的镊子夹取到无菌的三角瓶中，加入已经制备好的农杆菌菌液，侵染时间设定为 10 min、20 min、30 min，其间不断振荡使愈伤组织与农杆菌充分接触，时间到后将愈伤组织堆成小堆置于滤纸上进行共培养（图2-2），共培养3 d。农杆菌与外植体的接触时间对转化有很大的影响，时间过短或者过长，都不利于遗传转化。侵染时间过短，农杆菌与愈伤组织伤口细胞不能充分接触，不利于农杆菌附着并进入外植体细胞，因此不能完成T-DNA的有效整合，使目的基因不能整合到植物的基因组上。

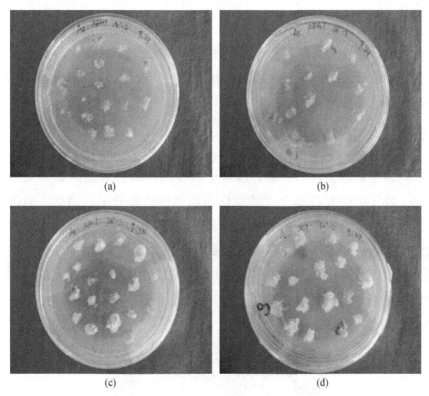

图2-2　不同侵染时间对愈伤组织的影响

注：a，10min；b、c，20min；d，30min

在实验过程中发现侵染时间为20 min时侵染效果最好，农杆菌和愈伤组织可以充分接触。侵染时间过短不利于农杆菌吸附到外植体上，因此也就不利于将目的基因整合至植物的基因组上；侵染时间过长，农杆菌过量生长繁殖，大量的农杆菌与外植体伤口细胞接触，一方面大量的农杆菌对外植体细胞造成毒害以致其软腐甚至死亡，另一方面不利于后续培养中除菌。超过 20 min，愈伤组织分化率开始降低。因此，通过观察鉴定，确定 20 min 是高羊茅愈伤组织遗传转化的最佳侵染时间。

（三）共培养最佳时间的确定

通过对共培养 1d、2d、3 d 时愈伤组织状态的观察，2 d 时农杆菌有一定生长，但目测量比较小，超过 3 d 时，农杆菌生长已经几乎覆盖了整个外植体，且外植体颜色开始变黄，而 3 d 时，农杆菌生长状态好，外植体的诱导也未受较大影响，因此最终确定 3 d 为最佳的共培养时间。共培养时间为 3 d 时转化频率也最高。

（四）共培养方式的确定

农杆菌侵染愈伤组织之后，载体中携带的外源目的基因能否整合到宿主细胞，直接影响农杆菌介导的愈伤组织遗传转化效率的高低，而这一过程中所选择的愈伤组织与农杆菌进行共培养的方式和时间是决定因素。采用滤纸的方法进行共培养，将滤纸张数分别设为 1 张、2 张、3 张，共培养时间分别设定为 1d、2d、3 d。实验过程中发现，采用 1 张滤纸进行共培养的愈伤组织相对湿润，生长良好，在共培养过程中共培养时间为 3 d 效果最好（图 2-3）。

图 2-3　共培养

第二节　除菌剂种类和选择压的确定

一、材料与方法

（一）植物材料

试验材料同本章第一节。筛选培养基：MS+ 3 mg/L 2,4-D + 500 mg/L 水解酪蛋白（CH）+5 mg/L 草铵膦（PPT）+300 mg/L Cef。愈伤组织分化培养基：MS + 2 mg/L 6-BA + 1 mg/L KT + 5 mg/L PPT + 300 mg/L Cef。再生植株生根培养基：MS+ 0.3 mg/L 生根粉（IBA）+5 mg/L PPT + 300 mg/L Cef。所有培养基附加 8 g/L 琼脂和 30 g/L 蔗糖，pH 5.8 ~ 6.0，121℃ 高压灭菌 20 min。培养条件：温度 25℃，3000 ~ 4000 lx 光照培养。农杆菌培养所用的 LB 固体培养基：酵母提取物 5 g/L，蛋白胨 10 g/L，NaCl 10 g/L，pH 7.0，添加琼脂 15 g/L。

（二）试验内容及方法

（1）除菌剂的选择。选择同一培养时期相同状态、生长良好的愈伤组织，接种于添加不同种类抗生素的愈伤组织诱导培养基上进行筛选培养，除菌剂抗生素选择头孢霉素（Cef）、氨苄青霉素（Amp）、卡那霉素（Kan）、潮霉素（Hyg）等，每个培养基接种 20 个愈伤组织，每皿设置 5 个重复。在 25℃ 条件下暗培养 2 周后观察并记录结果。

（2）除菌剂 Cef 选择压的确定。选择生长良好的愈伤组织，接种于添加了不同浓度梯度除菌剂 Cef 的愈伤组织诱导培养基上进行筛选培养，除菌剂 Cef 的浓度设定为 100 mg/L、200 mg/L、300 mg/L、400 mg/L、500 mg/L、600 mg/L、700 mg/L 、800 mg/L 八个梯度，每个培养基接种 20 个愈伤组织，每皿设置 5 个重复。在 25℃ 条件下暗培养 2 周后观察并记录结果。

（3）愈伤组织分化。愈伤组织继代 2 次后，在愈伤组织诱导培养基上选取质地致密、颜色浅黄的颗粒状愈伤组织转到 MS 愈伤组织分化培养基上于 25℃光照培养。20 d 继代 1 次，直至小苗再生。

（4）再生植株的生根。取生长良好、高度 2 cm 左右的长有绿色分化小芽的愈伤组织，移到含有 0.3 mg/L IBA 的生根培养基中，在 25℃光照条件下培养，继续生根或使其继续生长，待根的长度长到 3 cm 左右时移栽。

（5）移栽。在生根培养基中培养 15 d 后再生植株有大量不定根产生，待生根完全后，先打开瓶盖炼苗 2～3 d，炼苗期间每天添加蒸馏水于培养基上，炼苗后待苗完全适应之后进行移栽。将无菌再生小苗用镊子取出，用流水小心冲洗去除根部培养基，放于花盆中（提前灭好菌的土：营养土＝1：1），应注意浇水保湿，置于 25℃、光照 16 h/d 的温室中生长，用于后续的分子生物学检测和田间耐盐性检测。

二、结果与分析

（一）除菌剂种类的确定

在草坪草遗传转化中，选择抗生素作为共培养后抑制残留在外植体上的农杆菌的除菌剂，它可以减轻残留的农杆菌过量繁殖对外植体造成的伤害，但是它本身对外植体也有一定的影响。为此，我们在选择除菌剂抗生素的种类时，既要考虑其能够抑制农杆菌的繁殖，又要不影响外植体的正常生长。不同物种对不同的抗生素的敏感性不同。因此，在本研究中我们根据之前的研究选择了对高羊茅愈伤组织影响不大，而且对细菌具有广谱抗性的 Cef 作为抑菌抗生素，并通过实验确定其抑菌最低浓度。

Cef、Amp、Hyg、Kan 是农杆菌介导植物遗传转化中普遍使用的抗生素类筛选剂，它们在对农杆菌生长起抑制作用的同时，也会对植物受体材料的生长和分化产生影响，而同一种植物对这四种抗生素的反应可能存在差异。针对特定的转化材料建立起相应的筛选方法是有效获得转化子的关键之一。

本研究进行了高羊茅愈伤组织对这四种抗生素的敏感性的测定。结果表明：这四种抗生素对高羊茅愈伤组织的生长有不同程度的抑制作用，其中以 Cef 对愈伤组织生长的抑制效果最为明显。Amp 和 Hyg 的抑制效果次之，而 Kan 的抑制效果最差，当其浓度达到 500 mg/L 时，高羊茅愈伤组织仍有 16.9% 的增长能力（表2-2）。因此，在高羊茅的遗传转化中选用 Cef 作为除菌剂。

表2-2　不同种类抗生素对愈伤组织生长的影响

抗生素种类	浓度/（mg/L）					
	0	100	200	300	400	500
Cef	64.7	53.0	46.0	18.9	0	0
Amp	64.0	51.9	43.1	30.6	4.2	0
Hyg	62.5	54.0	33.3	25.9	6.1	0
Kan	64.3	49.0	38.0	30.8	24.5	16.9

（二）除菌剂 Cef 选择压的确定

将侵染后的愈伤组织接种于含有不同浓度 Cef 的筛选培养基中，25℃光照培养 30 d 左右，每隔 15 d 继代 1 次，30 d 后统计愈伤组织的分化率，结果如表 2-3 所示。Cef 在实验中主要用于控制农杆菌的生长，理论上其浓度越高，对农杆菌生长的抑制作用就越好。但是还要保证愈伤组织的诱导和生长不受其影响。

表2-3　不同浓度头孢霉素对愈伤组织分化的影响

Cef 浓度/（mg/L）	接种愈伤组织数	愈伤组织分化率/%
0	100	0
100	100	12
200	100	20
300	100	27
400	100	32
500	100	36

Cef 浓度/（mg/L）	接种愈伤组织数	愈伤组织分化率/%
600	100	22
700	100	5
800	100	0

可以看出，Cef 浓度为 0 时愈伤组织的分化率为零，说明 Cef 浓度过低，农杆菌繁殖过量会使愈伤组织全部死亡，即使不死亡也容易产生大量的嵌合体，得到的转化苗多为假抗性，从而增加转基因植株分子检测的任务量。

Cef 浓度在 400 mg/L 以下时，不能抑制农杆菌的生长。在培养基中 Cef 浓度增加到 500 mg/L 的时候，对愈伤组织没有多大影响，Cef 能够抑制农杆菌菌株的生长和污染，后期随着培养时间可适当降低浓度。Cef 浓度过高，会毒害愈伤组织甚至导致其死亡，而且还会抑制其他细胞的生长，从而使转化效率降低。因此适宜的 Cef 浓度应该既可以使非转化细胞死亡，又不妨碍已经转化的细胞正常生长。但是，Cef 对高羊茅愈伤组织的生长有明显的负面作用，浓度过高会降低愈伤组织的生命力，改变其最佳的生长状态和生长速度，甚至导致其死亡。综合以上因素，将 Cef 浓度 500 mg/L 作为高羊茅愈伤组织生长时的最佳抑菌浓度。

第三节　除草剂草铵膦筛选浓度和乙酰丁香酮对转化效率的影响

一、材料与方法

（一）植物材料

试验材料同本章第一节。

（二）试验内容及方法

（1）除草剂选择压的确定。由于加入除草剂草铵膦（Glufosinate）对外植体诱导愈伤组织的速度和状态影响比较大，为了提高再生植株的再生率，选择在分化阶段再加入 Glufosinate 进行筛选。选择生长良好的愈伤组织，接种于添加不同浓度梯度除草剂 Glufosinate 的愈伤组织分化培养基上进行筛选培养，除草剂 Glufosinate 的浓度设定为 1 mg/L、2 mg/L、3 mg/L、4 mg/L、5 mg/L、6 mg/L，每个培养基中接种 20 个愈伤组织，共设置 5 个重复。在 25℃条件下暗培养 2 周，筛选培养 2 周后将分化出的抗性芽转入愈伤组织分化培养基中进行分化培养并观察其分化情况和生长状态。

（2）乙酰丁香酮（Acetosyringone，AS）对转化效率的影响。在侵染受体材料之前，将不同浓度 AS 加入已经制备好的 WCC 液体培养基中，AS 浓度设置为 0、50 μmol/L、100 μmol/L、150 μmol/L、200 μmol/L、250 μmol/L，3 次重复，统计结果。

二、结果与分析

（一）除草剂 Glufosinate 筛选浓度的确定

转基因草坪草能否取得成功的关键因素是除草剂 Glufosinate 的最佳筛选浓度。本研究所用的多基因植物表达载体携带标记基因 *Bar* 基因。将未经转化、正常生长的'爱瑞 3 号'愈伤组织接种在含有不同浓度除草剂的培养基上，实验设计了 6 个浓度梯度，分别是 1 mg/L、2 mg/L、3 mg/L、4 mg/L、5 mg/L、6 mg/L。30 d 后统计分化率的结果如表 2-4 所示。从中可以看出，Glufosinate 浓度为 6 mg/L 时，培养 7 d 愈伤组织未能分化，且愈伤组织还没有分化出再生植株就已经死亡。5 mg/L 的 Glufosinate 可以作为除草剂的筛选浓度。

表 2-4 不同浓度 Glufosinate 对愈伤组织分化的影响

Glufosinate 浓度/（mg/L）	接种外植体个数	分化的外植体个数	分化率/%
0	100	35	35
1	100	28	28
2	100	16	16
3	100	10	10
4	100	5	5
5	100	2	2
6	100	0	0

（二）AS 对转化效率的影响

AS 是受伤的植物组织分泌的一种酚类化合物，具有潜在的诱导并促进农杆菌 *vir* 区基因活化与表达的作用，高羊茅作为一种单子叶植物也不例外。用 AS 诱导农杆菌及在共培养基中加入 AS 可以促进农杆菌转化，这在单子叶植物和部分双子叶植物中均有发现。本研究中，AS 在侵染前以 100 μmol/L 的终浓度加到液体培养基中，在对照中完全不加 AS，3 次重复。结果表明，培养基中不加 AS 时，高羊茅胚性愈伤组织不能被转化或者只有个别愈伤组织能够被转化，而加入 AS 能较大幅度提高愈伤组织的转化效率，从表 2-5 中可以看出，培养基中加入 AS 的，愈伤组织转化效率是对照的 2~3 倍。还可以得出，农杆菌介导高羊茅胚性愈伤组织遗传转化时，添加的 AS 以 100 μmol/L 最为适宜，浓度过高反而影响效果。

表 2-5 AS 对转化效率的影响

处理	接种外植体个数	分化的外植体个数	分化率/%
0	100	0	0
50 μmol/L	100	20	20
100 μmol/L	100	35	35
150 μmol/L	100	30	30
200 μmol/L	100	28	28

处理	接种外植体个数	分化的外植体个数	分化率/%
250 μmol/L	100	24	24

第四节　结论与讨论

（一）适用于农杆菌介导高羊茅遗传转化的抑菌抗生素

在农杆菌介导的植物遗传转化过程中，受体材料与农杆菌共培养后，经过无菌水清洗，其表面及浅层组织中仍会有一些农杆菌附着或共生。农杆菌会影响受体材料的生长，严重时会导致受体材料死亡，因此通过在培养基中加入抗生素来抑制农杆菌的继续繁殖。抗生素可以抑制培养基中农杆菌的污染，但会影响植物受体材料的生长和分化，有时会产生玻璃化苗或白化苗，因此筛选适用抗生素种类及其适宜浓度非常重要。本章研究结果表明，在农杆菌介导植物遗传转化中常用的四种抗生素 Cef、Amp、Hyg、Kan，都会对农杆菌生长有不同程度的抑制作用，其中对农杆菌抑制效果最为明显且对愈伤组织生长影响小的抗生素是 Cef（表 2-2）。因此，在农杆菌介导高羊茅遗传转化过程中，Cef 作为最适抑菌剂，最适浓度是 500 mg/L。

（二）最适农杆菌侵染浓度

农杆菌介导的遗传转化是通过农杆菌侵染受体材料的细胞来实现的，用于侵染的农杆菌菌液浓度与转化频率有直接的关系。菌液浓度过低，获得的转化频率较低；菌液浓度太高，会对植物细胞造成严重伤害甚至使受体材料死亡，而使转化频率降低。研究结果表明，农杆菌介导高羊茅胚性愈伤组织转化时，最适侵染菌液 OD_{600} 为 0.6 左右（表 2-1）。

（三）农杆菌最佳侵染时间的确定

在用农杆菌悬浮液对受体材料进行浸泡处理时，侵染时间是与菌液浓度密切相关的一个因素。图 2-2 表明用 OD_{600} 为 0.6 的菌液分别处理高羊茅胚性愈伤组织 10 min、20 min 和 30 min，最佳侵染时间为 20 min。侵染时间只有 10 min 时，基因瞬时表达频率明显要低一些，而将侵染时间延长到 30 min，可能因为对受体细胞产生了比较严重的损伤，使得基因瞬时表达频率比 20 min 处理有下降，而且农杆菌污染严重。上述结果说明，采用 OD_{600} 为 0.6 的农杆菌悬浮液浸泡高羊茅胚性愈伤组织，侵染时间以 20 min 较为合适。

（四）最适共培养时间和方式

在农杆菌介导植物遗传转化过程中，农杆菌感染受体材料后，通常要共培养几天，在这段时间内农杆菌完成侵染受体材料的过程，因此共培养是农杆菌介导转化的一个重要环节。所谓共培养，就是农杆菌与外植体的共生，与之有关的共培养条件都会对转化效率产生较大影响。共培养过程中影响转化效率的重要因素是共培养方式和共培养时间。在共培养基中不添加任何抗生素，在同等条件下农杆菌和植物细胞一起生长。若共培养时间过短，则外源基因还未完全整合到受体材料的基因组中；共培养时间过长则会导致农杆菌过度繁殖覆盖了整个愈伤组织，阻断了愈伤组织细胞对营养成分的正常吸收，抑制了植物细胞的正常生长甚至导致其死亡。至少需要 16 h 以上，农杆菌才有足够的时间导入 T 载体至植物细胞中。随着共培养时间的延长，能够将目的基因转化至植物基因组中的概率也就越高，但是过长的共培养时间也会导致农杆菌繁殖难以控制，愈伤组织腐烂变软。本研究结果表明，采用 1 张滤纸进行共培养 3 d 的效果最好。

（五）农杆菌介导高羊茅遗传转化中合适的 PPT（Glufosinate）筛选方式

在植物基因工程和遗传转化研究中，对转化体的筛选常采用的筛选剂是抗生素，由于不同植物或同一植物的不同外植体对各种抗生素的敏感程度不同，因此，进行高羊茅筛选抗生素抗性研究极为重要。另外，在筛选剂选择上还要考虑经济、高效、常用的因素，植物转化研究中获得转基因抗性植株的重要前提是筛选合适的抗生素种类和浓度。

Bar 基因来源于潮湿霉菌（Stretomyces hygroscopicus），它编码 PPT 乙酰转移酶，可催化转移乙酰辅酶 A 的乙酰基，使 PPT 在氨基上形成乙酰 PPT 而失活。以 PPT 为活性成分的除草剂能抑制谷酰胺合成酶（GS）的产生，引起植物细胞氨迅速积累而死亡。在筛选剂选择压的作用下，非转化细胞逐渐褐化直至死亡，转化细胞能够正常生长，从而筛选出转化了的愈伤组织细胞或原生质体。以除草剂抗性基因 Bar 作为筛选标记基因进行筛选不会产生人们担忧的安全性问题，同时还会增加植物新的抗除草剂特性。高羊茅不同的基因型对 PPT 耐性差别很大，王健（2006）筛选用的最适 PPT 浓度为 3 mg/L，本研究的最适 PPT 浓度为 5 mg/L。不同植物、不同外植体对筛选剂的反应不同，选择不同生物试剂公司筛选剂产品，结果也会有所不同。因而在筛选前有必要针对不同的材料进行敏感性测定并确定合适的浓度。

（六）AS 的使用

在农杆菌介导转化小麦、大麦等单子叶植物过程中，添加 AS 等酚类化合物是必不可少的（Guo and Maiwald，1998）。实验中一般认为在共培养阶段发生 T-DNA 的转移，侵染过程不会发生 T-DNA 的转移。但在本研究中发现侵染阶段加入 AS 对提高转化效率起到一定的作用，可能是因为农杆菌转化植物细胞的前提之一就是农杆菌细胞与植物细胞的接触，它们的接触时间是从菌液与植物细胞混合开始的，即侵染开始，虽然 AS 对高羊茅的农杆菌介导转化并不是必需的，但事实上是起着重要作用。同时发现，不同浓度的 AS 对转化效率的影响不同，本研究就 AS 浓度对转化的影响进行了初步探讨，认为在高羊茅的遗传转化过程中，添加 AS 浓度以 100 μmol/L 最为适宜（表2-5）。

参 考 文 献

王健. 2006. 高羊茅高频再生体系的建立和基因枪法介导的遗传转化研究：高羊茅几丁质酶基因 I 保守片段的克隆及其序列分析. 西安：西北大学硕士学位论文.

Bettany A J E, Dalton S J, Timms E, et al. 2003. *Agrobaeterium tuoeafeeins*-mediated transformation of *Festuca arundinacea*（Schreb.）and *Lolium multrum*（Lam.）. Plant Cell ReP, 21：437-444.

Guo G Q, Maiwald F. 1998. Factor fluencing T-DNA transfer into wheat and barley by *Bacetrium tumefaciens*. Cereal Res Commun, 26 (1): 15-22.

Lakkaraju S, Piteher L H, Wang X L, et al. 2001. *Agrobactetrium* mediated transformation of turg-frasses. Proeeedings of the Tenth Annivesrary Rugters Turgfrass Symposium. New Brunswick: Rugters University.

第三章 | SOS 途径基因在草坪草中的遗传转化

前面章节中已研究确定了农杆菌介导高羊茅胚性愈伤组织转化的适宜条件。而且以高羊茅'爱瑞3号'的胚性愈伤组织为材料，获得了一批转拟南芥 SOS 途径基因的转基因植株。但是还不知道目的基因是否成功转入植物细胞，转入植物细胞的基因是否整合到染色体上及拷贝数。这一系列的问题都要经过一定的鉴定后才能确定，并最终认定被鉴的材料是转基因植株。因此，本章主要对获得的所有转基因植株进行分子鉴定。

第一节　高羊茅的遗传转化

一、材料与方法

（一）植物材料

第一章中由相同培养基诱导和继代获得的高羊茅'爱瑞3号'胚性愈伤组织以及第二章中获得的高羊茅抗性植株。高羊茅'爱瑞3号'的成熟种子来自宁夏大学草地研究所。

（二）质粒载体及菌株

pSOS 双载体是使用体内多位点组件组成的（图 2-1）。SOS 途径的基因 SOS1（AF256224, 6, 076 bp）、SOS2（AF237670, 5, 144 bp）、SOS3

（AF060553，2，298 bp）和 *SCaBP8*（HE802862，2,493 bp）分别受诱导型启动子 *rd29A* 的调控。*TM1*、*TM2* 和 *TM220* 是烟草核基质附着区（MAR）序列，可以克服转基因沉默、提高转基因的表达水平。载体包括一个 *Bar* 抗性基因，通过电转仪导入根癌农杆菌 GV3101 菌株。

（三）试验内容及方法

（1）胚性愈伤组织的获得。高羊茅'爱瑞3号'的成熟种子表皮用70%乙醇消毒2分钟、0.1%氯化汞消毒8分钟，然后用无菌水冲洗6次。种子表面灭菌后，接种在 5 mg/L 2,4-D、0.1 mg/L 6-BA、30 g/L 蔗糖、2 g/L 凝胶、pH 5.8 的 MS 固体培养基上，在25℃条件下暗培养放置3周诱导胚性愈伤组织（Murashige and Skoog，1962）。其间每周去除芽一次加速愈伤组织的诱导。淡黄色且结构紧凑的愈伤组织在添加 2 mg/L 2,4-D、30 g/L 蔗糖、2 g/L 凝胶、pH 5.8 的 MS 固体培养基上进行2周的筛选和继代培养。长势良好的胚性愈伤组织用于转化（Zhao et al.，2005）。

（2）农杆菌介导的转化和转基因植物的再生。获得的胚性愈伤组织进行侵染和共培养（Zhao et al.，2005）。胚性愈伤组织浸入农杆菌细胞悬浮液，轻轻摇动 15 min。侵染后的愈伤组织转移到含有一张无菌滤纸的培养皿中25℃暗培养3 d。共培养后，被侵染的愈伤组织用含 300 mg/L 头孢噻肟的无菌水冲洗3次，用无菌滤纸干燥愈伤组织。然后，受侵染的愈伤组织接到选择培养基（MS 固体培养基中添加 3 mg/L 2,4-D、500 mg/L 酸水解酪蛋白、5 mg/L 草丁膦、300 mg/L 头孢噻肟）上在25℃暗培养4周。筛选出抗除草剂的愈伤组织，转移到相同的选择培养基上。30d 后，抗除草剂的愈伤组织转移到再生培养基（MS 固体培养基中添加 2 mg/L 6-BA、1 mg/L 激动素、3 mg/L草丁膦、300 mg/L 头孢噻肟）上，直到芽生长至 5~6 cm 转移至含有 3 mg/L草丁膦的1/2 MS 培养基即生根培养基中。在温室条件下，生根植物转移到土壤中生长。

二、结果与分析

经过广泛的基因型筛选，高羊茅'爱瑞 3 号'品种的愈伤组织用于遗传转化。选取胚性愈伤组织进行农杆菌介导的转化 [图 3-1 (a)]。侵染后的愈伤组织共培养 3d [图 3-1 (b)]。然后，愈伤组织在含有 5 mg/L Glufosinate 的培养基上选择培养 4 周。抗 Glufosinate 胚性愈伤组织成白色或淡黄色，长芽，而非转基因愈伤组织逐渐变成褐色 [图 3-1 (c)]。在含有 2 mg/L 草胺膦的培养基上分化出芽，移至生根培养基中，3 周后，抗性植株长出大量根系 [图 3-1 (d)]。随后，抗性植株炼苗，转移到温室 [图 3-1 (e)，图 3-1 (f)]。

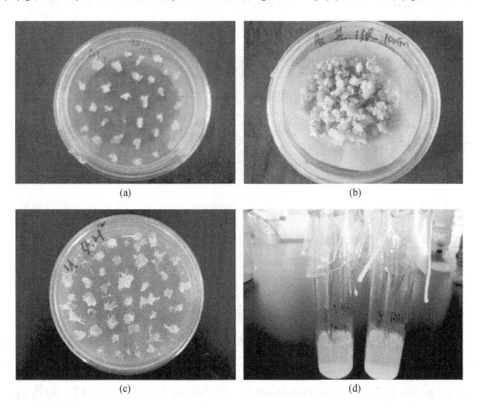

(a)

(b)

(c)

(d)

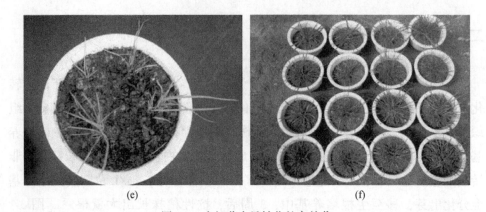

图 3-1　农杆菌介导转化的高羊茅

注：a，胚性愈伤组织；b，共培养；c，愈伤组织的分化；d，抗性植株生根；e、f，温室中的转基因植株

第二节　转基因植物的分子鉴定

一、材料与方法

（一）试验材料

试验材料、质粒载体及菌株同本章第一节。

（二）试验内容与方法

（1）基因组 DNA 提取：采用 AxyPrep 基因组 DNA 小量试剂盒。取待测叶片 0.1 g，加液氮研磨，放入 56 ℃ 水浴，加 350 μl PBS 和 0.9 μl RNase A 贮存液，碾磨 30 s；取 350 μl 匀浆至 2 ml 离心管中，补充 PBS 至 350 μl；加 150 μl Buffer C-L 和 20 μl Proteinase K。漩涡振荡 1 min 混合均匀，短暂离心后，56 ℃ 水浴 10 min；加 350 μl Buffer P-D 振荡 30 s，12 000 r/min 离心 10 min；将 DNA 制备管置于 2 ml 离心管中，将混合液移至制备管中，12 000 r/min

离心 1 min；弃滤液，将制备管置回原来的 2 ml 离心管中，加 500 μl Buffer W1，12 000 r/min 离心 1 min；弃滤液，将制备管置回原来的 2 ml 离心管中，加 700 μl Buffer W2，12 000 r/min 离心 1 min，以同样的方法，用 700 μl Buffer W2 再洗涤一次；弃滤液，将制备管置回原来的 2 ml 离心管中，12 000 r/min 离心 1 min；将 DNA 制备管置于洁净的 1.5 ml 离心管中，在制备管膜中央加 100 ~ 200 μl Eluent 或去离子水（将去离子水或 Eluent 加热至 65 ℃将提高洗脱效率），室温静置 1 min，12 000 r/min 离心 1 min 洗脱 DNA。

（2）质粒 DNA 的提取：挑一单菌落接种到 5 ml 加有卡那抗性的 LB 培养液中，26 ℃培养过夜；取 4 ml 在 LB 过夜培养菌液，12 000 r/min 离心 1 min，弃上清夜；加 250 μl Buffer S1 悬浮细菌沉淀；加 250 μl Buffer S2，混合均匀使菌体充分裂解，直至形成透亮的溶液；加 350 μl Buffer S3 混合，12 000 r/min 离心 10 min；吸取离心上清液并转移到制备管中（置于 2 ml 离心管中），12 000 r/min 离心 1 min，弃滤液；将制备管置回离心管中，加 500 μl Buffer W1，12 000 r/min 离心 1 min，弃滤液；将制备管置回离心管中，加 700 μl Buffer W2，12 000 r/min 离心 1 min，弃滤液；以同样的方法再用 700 μl Buffer W2 洗涤一次；弃滤液，将制备管置回原来的 2 ml 离心管中，12 000 r/min 离心 1 min；将制备管移入新的 1.5 ml 离心管中，在制备管膜中央加入 60 ~ 80 μl Eluent 或去离子水，室温静置 1min；12 000 r/min 离心 1 min。

（3）PCR 鉴定：用 CTAB 法提取未转化的愈伤组织的再生植株的基因组 DNA（WT）和转基因植株的基因组 DNA（Murray and Thompson，1980）。*Bar*、*SOS1*、*SOS2*、*SOS3* 和 *SCaBP8* 基因分别为 463 bp、700 bp、550 bp、683 bp 和 460 bp，其运用表 3-1 中的引物通过 PCR 得到。

表 3-1 *Bar*、*SOS1*、*SOS2*、*SOS3* 和 *SCaBP8* 基因的引物

基因	正向引物	反向引物
Bar	5′GCG GTC TGC ACC ATC GTC A 3′	5′GTA CCG GCA GGC TGA AGT CCA 3′
SOS1	5′CCT GCC AAA GGA AAT CAT C 3′	5′GCT GCC TAC ATT TCT GCT G 3′
SOS2	5′TTA GTG GAC AGG GTT ACG A 3′	5′CCA TTG AGT TCG CTA CAG C 3′
SOS3	5′GGG ATG GGC TGC TCT GTA TCG AAG 3′	5′ACC ACC GAG CTC TAG GAA GAT ACG 3′
SCaBP8	5′GCA ATT CTG CGC CGT CTT TAT ACC 3′	5′CAT TTG TTG CAC CTC TTC TCG CTC 3′

PCR 反应体系（25 μl）如下：$2 \times EcoTaq$ PCR SuperMix 12.5 μl；PI（20 μmol/L）1.0 μl；PII（20 μmol/L）1.0 μl；模板 DNA（100 ng/μl）2.0 μl；无菌 ddH$_2$O 8.5 μl；总体积 25 μl。慢慢混合均匀，瞬时离心后按照下列反应程序设置 PCR 反应。Bar：94.0 ℃，5 min；94.0 ℃，30 s；58.0 ℃，30 s；72.0 ℃，1 min；72.0 ℃，5 min；4.0 ℃。$SOS1$：94.0 ℃，5 min；94.0 ℃，30 s；53.0 ℃，30 s；72.0 ℃，1 min；72.0 ℃，5 min；4.0 ℃。$SOS2$：94.0 ℃，5 min；94.0 ℃，30 s；52.0 ℃，30 s；72.0 ℃，1 min；72.0 ℃，5 min；4.0 ℃。$SOS3$：94.0 ℃，5 min；94.0 ℃，30 s；59.0 ℃，30 s；72.0 ℃，1 min；72.0 ℃，5 min；4.0 ℃。$SCaBP8$：94.0 ℃，5 min；94.0 ℃，30 s；57.0 ℃，30 s；72.0 ℃，1 min；72.0 ℃，5 min；4.0 ℃。PCR 产物用 1% 琼脂糖凝胶分离。

（4）Southern 杂交分析：从阳性植株和野生型植株 PCR 得到的基因组 DNA（10 μg）用 $EcoR$I 酶切，进行 1% 琼脂糖凝胶电泳分离，然后转移到尼龙膜。根据地高辛（DIG）DNA 标记和检测试剂盒的指示，膜与地高辛标记的 Bar 探针进行杂交（Roche，瑞士）。用放射自显影膜检测转基因的插入拷贝数。

（5）反转录 PCR（RT-PCR）分析：用不同浓度的 NaCl（150 mmol/L、250 mmol/L 和 350 mmol/L）处理 7 d 的野生型株系和转基因株系 6-2，用 Trizol 试剂盒（Invitrogen 公司，美国）进行总 RNA 的提取。用 cDNA synthesis supermix（Transgen，中国），以 2 μg 总 RNA 为模板合成第一链 cDNA。用 RT-PCR 扩增 Bar 和 $SOS1$ 基因的表达。Bar 和 $SOS1$ 基因的引物序列同 PCR 引物序列。扩增片段进行 1% 琼脂糖凝胶电泳分离。

二、结果与分析

为了验证靶基因是否融入高羊茅的基因组中，采用设计的引物进行 PCR 反应，依次扩增出 Bar、$SOS1$、$SOS2$、$SOS3$ 和 $SCaBP8$ 基因的序列［图 3-2（a）~图 3-2（e）］。通过 PCR 鉴定，获得了 47 株抗性植株。

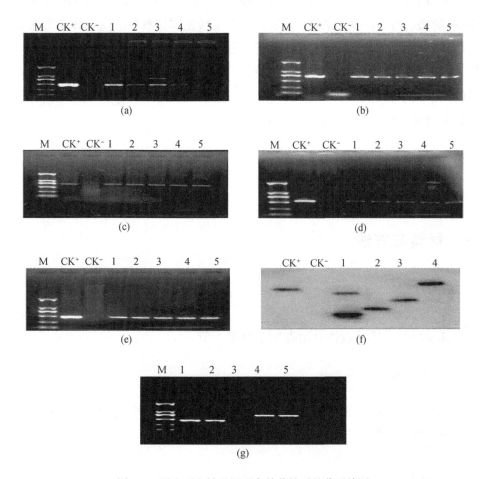

图 3-2　野生型和转基因型高羊茅株系的分子检测

注：a, 463bp *Bar* 基因的 PCR 扩增结果。M, DL2000 标记。CK⁺, 质粒。CK⁻, 野生型。泳道 1~5 分别是株系 6-3、株系 6-4、株系 6-2、株系 6-5 和株系 6-6 的 PCR 扩增产物。b, 700 bp *SOS1* 基因的 PCR 扩增结果。c, 550 bp *SOS2* 基因的 PCR 扩增结果。d, 683 bp *SOS3* 基因的 PCR 扩增结果。e, 460 bp *SCaBP8* 基因的 PCR 扩增结果。f, 酶切后，转基因高羊茅的 Southern 杂交分析结果。*Eco*RI 酶切 DNA, *Bar* 基因为探针。g, 转基因植株中 *Bar* 基因和 *SOS1* 基因的 RT-PCR 分析结果。M, DL2000 标记。泳道 1 和泳道 2 代表株系 6-2 和株系 6-3 中 *Bar* 基因的扩增。泳道 3 代表野生型植株中 *Bar* 基因的扩增。泳道 4 和泳道 5 分别代表株系 6-2 和株系 6-3 中 *SOS1* 的 PCR 扩增结果

Southern 杂交进一步证实 *Bar* 基因导入了高羊茅基因组中。基因组 DNA 经 *EcoRI* 酶切后与 *Bar* 探针杂交。在检测的 6 个转基因株系中，4～6 泳道出现 1～2 个杂交信号，然而在野生型植物中没有检测到杂交信号 [图 3-2（f）]。对 T₁ 代转基因株系进行 RT-PCR 分析，确定了 *Bar* 基因和 *SOS1* 基因的表达，与预期的条带大小相符合的 *Bar* 基因（463 bp）和 *SOS1* 基因（700 bp）在转基因株系中出现，而野生型中没有 [图 3-2（g）]。

第三节　抗除草剂的鉴定

一、材料与方法

（一）试验材料

试验材料、质粒载体及菌株同本章第一节。

（二）试验内容与方法

抗除草剂鉴定：鉴定转基因植物的除草剂抗性，250 mg/L 除草剂喷施在野生型和转基因植物 T₁ 代株系 6-2 的叶片上，观察植物的表型。

二、结果与分析

野生型植物无法抵抗除草剂，3 d 后叶片变干黄、枯萎；然而，转基因植物保持正常的绿色叶片，且生长正常（图 3-3）。

图 3-3　T1 代转基因植株的抗除草剂实验结果

注：WT，野生型植株；6-2-1、6-2-2 表示不抗除草剂的株系 6-2 的 T1 代转基因株系；

6-2-3、6-2-4 表示抗除草剂的株系 6-2 的 T1 代转基因株系

第四节 结论与讨论

（一）农杆菌介导的遗传转化法对转化效率的影响

利用农杆菌介导法对高羊茅等草坪草胚性愈伤组织进行转化是目前草坪草遗传转化研究的热点。大多数草坪草由于自身基因型的原因导致再生能力较低，无法建立离体再生培养体系，给科研工作的进一步开展带来一定困难。微弹轰击往往会对受体材料产生机械损伤和震动伤害，从而更进一步使各种草坪草胚性愈伤组织的分化能力降低，难以得到大量的转化株系，限制了遗传转化的工作。相比较而言，农杆菌介导的遗传转化法可以避免这一负面影响，受体材料可以保持原有的分化率和再生能力。因此，在草坪草近几年的遗传转化实验中，农杆菌介导法有逐步取代基因枪法的趋势。农杆菌介导植物遗传转化能否取得成功或转化频率高低的一个重要影响因素是基因型。在农杆菌介导高羊茅遗传转化过程中，应充分注意对基因型的筛选。

本研究以农杆菌介导进行高羊茅'爱瑞3号'的多基因遗传转化研究，建立了农杆菌介导的高羊茅遗传转化体系，并且引入了外源 SOS 途径基因以提高高羊茅的耐盐性。本研究从1203块起始愈伤组织中获得了829棵再生植株，虽然愈伤组织经过了农杆菌的侵染，再生植株的克隆数仍接近60%，表明由种子诱导而来的胚性愈伤组织分化能力较强，很适合作为转化的外植体。筛选出的抗性苗应让其长出大量的须根后再移栽，移栽至装有泥炭土的花盆中，成活率可达100%。经 Glufosinate 筛选得到的237棵抗性植株，经 PCR、Southern 杂交和 Glufosinate 抗性鉴定与分析，发现获得的高羊茅转基因植株中外源基因已整合到这些植株的基因组中。有47棵为转化植株，表明还有大量假阳性抗性植株，这可能是在组织培养过程中产生变异而具有抗性，也可能在农杆菌介导转化过程中发生了基因沉默，或由于载体过大导致 T-DNA 不完全整合或重排。事实上，转基因沉默在其他植物的遗传转化研究中也有很多报道（Finnegan and MeElroy，1994；Xin and Browse，1998；Meyer，1995），已成为转基因育种研究的一大难题。发生基因沉默的原因与同源性序列造成的表达抑制、外源 DNA 的甲基化或外源基因整合于异染色质区域等多种因素有关（苏金和吴瑞，1999；吴刚和夏英武，2000）。

（二）除草剂抗性鉴定

刘巧泉等（2001）提出了一种快速检测转基因水稻中潮霉素抗性的简易方法，认为该方法具有简单易行、周期短、灵敏度高、可在水稻全生育期取样检测且结果一致等优点，特别适用于对转基因后代分离群体的分析。本研究参照这一方法对获得的高羊茅转基因植株进行了 PPT（Glufosinate）鉴定，结果证明，虽然小部分植株也表现出了程度不一的、与非转化野生型植株相似的黄化症状，但总体上通过这种活体叶片 Glufosinate 抗性检测还是能较好地区分转基因植株与非转基因植株。因此，活体叶片 Glufosinate 抗性检测可以作为转基因植株分子鉴定的一种辅助手段加以使用。

（三）*SOS* 多基因对草坪草耐盐性的影响

Tian 等（2006）报道了通过基因枪方法导入高羊茅的研究，使用了下胚轴来源的再生体系相同的再生体系作为外植体，但是没有报道转基因后代的情况。一般认为，通过基因枪获得的转基因植株大多是多拷贝插入，并且难以产生稳定遗传的后代植株（Hiei et al.，1994；Bettany et al.，2003）。由于高羊茅是异花授粉的六倍体草坪草，自交不亲和高度不育，而且在高羊茅离体培养再生植株中，非整倍体的频率很高，造成不同程度的花粉育性下降，这些都给高羊茅转基因后代的获得带来了困难。Bettany 等（1998）研究发现 *GUS* 基因表达在营养繁殖的第一代、第二代特别不稳定，而在第四代或第五代才比较稳定。Kuai 和 Motris（1996）共转化获得 *Bar* 基因稳定高效表达的高羊茅转基因植株，但在其异交的两个后代群体中，都没有检测到该转基因的存在。Bettany 等（1998）对高羊茅转基因植株进行异交，只有不到20%的植株产生雄性或雌性来源的种子。植物耐逆性属于复杂的数量性状，是体内多种耐逆性机制、多基因共同作用的结果，采用常规育种方法进行改良往往难以取得大的突破。而单一功能基因的遗传转化虽能使转基因植株对某一逆境条件的耐受性得到提高，但实际耐逆性效果还是不太理想，在生产上的应用价值有限。本研究以高羊茅成熟种子来源的胚性愈伤组织为受体材料，通过农杆菌介导法将拟南芥 *SOS* 途径多基因导入了高羊茅'爱瑞3号'的基因组，这一方面标志着农杆菌介导高羊茅多基因遗传转化体系已基本建立，研究取得了重要进展；另一方面，也为今后高羊茅耐逆性的改良提供了很好的种质资源。本研究成功获得一批转 *SOS* 途径基因的高羊茅转基因植株，相信对培育该草种的耐逆新品种具有重大意义。

参 考 文 献

刘巧泉，陈秀花，王兴稳，等. 2001. 一种快速检测转基因水稻中潮霉素抗性的简易方法. 农业生物技术学报，9（3）：264-268.

苏金，吴瑞. 1999. 水稻中转基因表达的"位置效应"初报. 农业生物技术学报，7（4）：311-315.

吴刚，夏英武. 2000. 植物转基因沉默及对策. 生物技术，10（2）：27-32.

Bettany A J E, Dalton S J, Timms E, et al. 1998. Stability of transgene expression during vegetative propagation of protoplast- derived tall fescue (*Festuca arundinacea* Schreb.) Plants. J Exp. Bot, 49：1797-1804.

Bettany A J E, Dalton S J, Manderyck B, et al. 2003. *Agrobacterium tumefaciens*- mediated transformation of *Festuca arundinacea* (Schreb.) and *Lolium multiflorum* (Lam.). Plant Cell Rep, 21：437-444.

Finnegan J, MeElroy D. 1994. Transgene sclencing and reactivation in sorghum. Plants Bio Technology, 12：883-888.

Hiei Y, Kmari T, Kumashiro T. 1994. Efficient transformation of rice mediated by *Agrobacterium* and sequence analysis of the boundaries of the T-DNA. Plant J, 6（2）：271-228.

Kuai B, Motris P. 1996. Screening for stable transformants and stability of β- glucuronidase expression in suspension cultured cells of tall fescue (*Festuca arundinacea*). Plant Cell Rep, 15：804-808.

Meyer P. 1995. Understanding and controlling tarnsgene expression. Trends in Biotechnology, 13：332-337.

Murashige T, Skoog F A. 1962. Revised medium for rapid growth and bio assays with tobacco tissue cultures. Physiol Plant, 15：473-497.

Murray M G, Thompson W F. 1980. Rapid isolation of high molecular weight plant DNA. Nucleic Acids Res, 8: 4321-4325.

Tian L M, Huang C L, Yu R, et al. 2006. Overexpression *AtNHX1* confers salt- tolerance of transgenic tall fescue. Afr J Biotechnol, 5: 1041-1044.

Xin Z, Browse J. 1998. Eskimol mutants of *Arabidopsis* are constitutively freezing- tolerant. Proc Natl Acad Sci USA, 95: 7799-7804.

Zhao J S, Zhi D Y, Xue Z Y, et al. 2005. Research on *Festuca arundinacea* transformation mediated by *Agrobacterium tumefaciens* (in Chinese). Acta Genet Sin, 32: 579-585.

第四章 转基因草坪草的耐盐性鉴定

高羊茅是一种重要的多年生冷季草，种植在全世界的温带地区，被广泛用作草坪草。适应广泛的土壤条件，能够耐受连续放牧，具有持久性的高产量，使其成为广泛应用的一种牧草（Sleper and West，1996；Ge and Wang，2006）。然而，高羊茅的生长受一些传统灌区土壤盐渍化的严重影响。在过去的十年中，已经有转基因技术应用于提高高羊茅耐盐性的报道。Cao 等（2009）报道，高羊茅的转录因子 $AtHDG11$ 的过表达增强了对盐胁迫的耐受性。转基因高羊茅的超氧化物歧化酶和抗坏血酸过氧化物酶的过表达可以提高对广泛的非生物胁迫的耐受性（Lee et al.，2007）。液泡 Na^+/H^+ 反向转运蛋白基因 $AtNHX1$ 的过表达可以增强转基因高羊茅后代的耐盐性（Zhao et al.，2007）。这些以前的研究结果表明，一个耐盐基因的过表达可以一定程度上提高高羊茅的耐盐性。

在植物遗传转化研究中，仅仅将目标基因导入受体植物基因组是不够的，还必须保证其能够稳定表达和遗传，这样才能得到具有目标性状的真正有利用价值的转基因后代。因此，通过表型鉴定和生理生化指标，进行转基因植株的耐盐性鉴定，也是植物转基因育种的重要研究内容之一。耐盐性可在大田逆境条件下直接鉴定，也可通过一系列生理生化指标的测定来间接评价。在许多报道中，研究人员将转基因苗和对照苗移至高盐或高渗培养基上或盆中进行培养，观察比较逆境胁迫下植株的存活和生长情况，以此对转基因植株的耐逆性作出鉴定（刘斌等，2002）。

第一节 转基因植物的耐盐性

耐盐性，像作物的其他重要的农艺性状一样，是由多基因控制的复杂的数量性状。到目前为止，对高羊茅进行多基因共转化是有用的。Quintero 等（2002）报道，在酵母细胞中 SOS 系统被重组以及 SOS1、SOS2 和 SOS3 的共表达比一个或两个 SOS 蛋白的表达更耐盐。然而，拟南芥中，与 SOS1 或 SOS3 过表达相比，SOS1+SOS2+SOS3 的过表达只是轻微地提高了拟南芥的耐盐性。据我们所知，目前还没有使用 SOS 途径基因共表达策略可以提高高羊茅耐盐性的报告。鉴此，本章在进行盐胁迫处理后，对转基因植株与非转化对照植株的形态和生长特征进行考察比较。同时，由于所转基因为 SOS 途径相关的多基因，这些基因都涉及离子调控，因此，进行 Na^+、K^+ 和 Ca^{2+} 的离子流速测定。此外测定与耐盐性相关的生理生化指标。

一、材料与方法

（一）试验材料

第三章获得的转基因高羊茅株系 6-2 和野生型株系。

（二）试验内容与方法

盐胁迫处理。温室中野生型植株和转基因植株的 T_1 代种植在充满泥、蛭石混合物的塑料盆中。植株分别用 0、150 mmol/L、250 mmol/L 和 350 mmol/L NaCl 营养液处理 7 d。收集 350 mmol/L NaCl 处理后的植株叶片和根系，测定 Na^+ 流量和 K^+ 含量，以及超氧化物歧化酶（SOD）、过氧化物酶（POD）、过氧化氢酶（CAT）的活性与丙二醛（MDA）和脯氨酸（Pro）的含量。

二、结果与分析

基于抗 Glufosinate 的鉴定，选择 12 株株系 6-2 的 T1 代转基因植株和野生型植株，分别用不同浓度（0、150 mmol/L、250 mmol/L 和 350 mmol/L）的 NaCl 处理，每个处理重复 3 次，分析耐盐性。7 d 之后，观察到野生型植株和转基因植株之间有明显的表型差异。野生型植株表现出生长迟缓，而转基因植株显示正常生长（图4-1）。

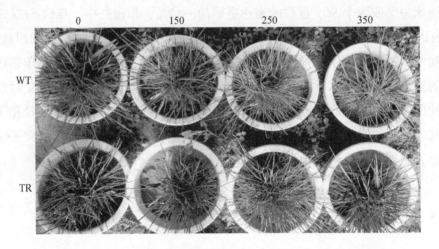

图4-1　不同盐浓度处理转基因株系和野生型株系7 d后的实验结果

注：WT，野生型植株；TR，转基因植株；0、150、250、350分别代表

0、150 mmol/L NaCl、250 mmol/L NaCl、350 mmol/L NaCl处理

第二节　Na^+和K^+在转基因植物中的积累

一、材料与方法

（一）试验材料

试验材料同本章第一节。

（二）试验内容与方法

（1）Na^+和K^+含量的测定。将收集的叶片在80 ℃烤箱中脱水2 d。样品用硝酸降解过夜，采用原子吸收分光光度法测定Na^+、K^+含量。

（2）离子流速的测定。取根尖 2 ~ 3 cm 根部分生区，采用非损伤离子选择性点击扫描技术（SIET）进行检测。在选择性微电测量中，电极尖端在不触及的情况下尽量靠近根尖，电极以此为起点，按照 x 轴、y 轴、z 轴三个方向离开起点进行三维的往复测量，电极每运动一次（从近根尖端到远根尖端）的间距为 50 μm 扫点，确定信号最强的点，重复为 4 ~ 5 个，电极运动频率为 0.3 ~ 0.5 Hz，电极在两点之间测量的电极差，利用校正得到的 Nernst Slope 即可换算成两点之间的离子浓度差。离子的流速根据 Fick 扩散定律 $J = -D(\mathrm{d}c/\mathrm{d}x)$ 确定，其中 J 代表离子的流速，$\mathrm{d}c/\mathrm{d}x$ 代表离子浓度梯度，D 代表离子扩散常数。数据通过在线软件 Mage Flux（Younger. USA. http://younger usa. com/mage flux）计算。

二、结果与分析

（一）盐胁迫下转基因植物中 Na^+ 和 K^+ 的含量变化

为了鉴定是否这些基因的过表达可降低 Na^+ 在植物体内的积累，比较了转基因植株与野生型植株中叶片 Na^+ 和 K^+ 的含量。Na^+ 和 K^+ 含量由分光光度计测定。没有用 NaCl 处理过的转基因植株与野生型植株的 Na^+ 和 K^+ 含量相似。用 350 mmol/L NaCl 处理，转基因植株和野生型植株叶子中的 Na^+ 浓度都增加。然而，野生型植株的叶片比转基因植株积累了更多的盐 ［图 4-2（a）］。在 350 mmol/L 盐胁迫下，野生型植株 7 d 后枯萎，而转基因植株生长正常并长出新叶。

转基因植株和野生型植株叶片中 K^+ 的含量随着 NaCl 浓度的增加而增加，然而两者之间的 K^+ 含量存在显著差异，盐处理下，转基因植株叶片中的 K^+ 含量比野生型植株的高 ［图 4-2（b）］。

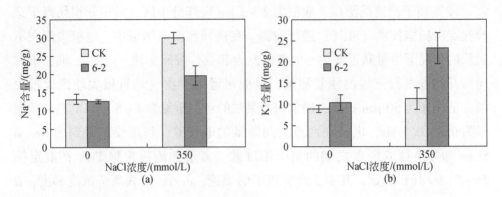

图4-2 盐胁迫下，转基因和野生型植株中 Na⁺（a）和 K⁺（b）浓度的变化结果

注：CK，野生型植株；6-2，转基因植株

（二）盐胁迫下离子流速的变化

1. K⁺流速的变化

无 NaCl 处理时，野生型植株排 K⁺ 而转基因植株吸 K⁺。盐胁迫造成了巨大的净离子通量的变化。在测定离子流量时，$0.5 \sim 3$ min，350 mmol/L NaCl 的处理引起野生型和转基因植株根部均发生 K⁺ 的外流 ［图4-3（a）］。转基因植株根部瞬间减少的 K⁺ 比野生型植株的少。在野生型和转基因植株中，NaCl 处理提高了 K⁺ 通量的平均速率 ［图4-3（b）］。然而，有无 NaCl 处理，转基因植株的 K⁺ 通量的平均速率都小于野生型植株。

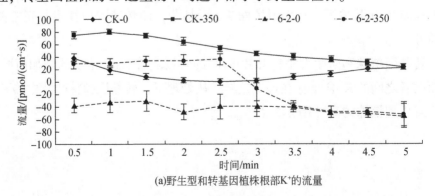

(a)野生型和转基因植株根部K⁺的流量

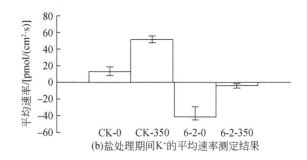

(b)盐处理期间K⁺的平均速率测定结果

图4-3 盐胁迫对转基因植株（6-2）和野生型植株（WT）根部K⁺（被动运输）的影响

注：CK-0，无盐处理的野生型植株；CK-350，350 mmol/L NaCl 处理的野生型植株；

6-2-0，无盐处理的转基因植株；6-2-350，350 mmol/L NaCl 处理的转基因植株

2. Na⁺流速的变化

Na⁺的吸收、运输和区域化对植物在 NaCl 含量高的盐分环境中的生存是至关重要的。无 NaCl 处理时，Na⁺在转基因植株的根部涌入，而在野生型植株的根部流出。用 350 mmol/L NaCl 处理转基因植株和野生型植株 7 d，转基因植株和野生型植株的根部都会有盐诱导的 Na⁺流出 [图4-4（a）]。NaCl 处理后，转基因植株中 Na⁺通量的平均速率比野生型植株高 [图4-4（b）]。

3. Ca²⁺流速的变化

正常情况下野生型植株根部 Ca²⁺的外流显著高于转基因植株。用 350 mmol/L NaCl 处理7 d 后，观察到转基因植株和野生型植株的根部有更高的 Ca²⁺涌入 [图4-5（a）]。然而，NaCl 处理下，转基因植株中的 Ca²⁺涌入的平均速率明显高于野生型植株 [图4-5（b）]。

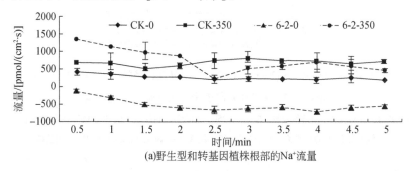

(a)野生型和转基因植株根部的Na⁺流量

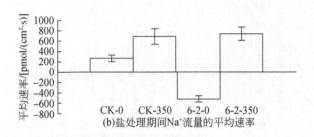

(b)盐处理期间Na⁺流量的平均速率

图 4-4　盐胁迫（350 mmol/L NaCl）对转基因植株（6-2）和野生型
植株（WT）根部 Na⁺流量（被动吸入）的影响

注：CK-0，没有盐处理的野生型植株；CK-350，用 350 mmol/L NaCl 处理的野生型植株；6-2-0，
没有盐处理的转基因植株；6-2-350，用 350 mmol/L NaCl 处理的转基因植株

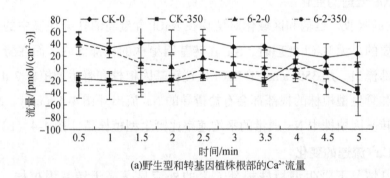

(a)野生型和转基因植株根部的Ca²⁺流量

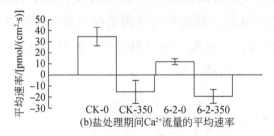

(b)盐处理期间Ca²⁺流量的平均速率

图 4-5　盐胁迫（350 mmol/L NaCl）对转基因植株（6-2）和野生型
植株（WT）根部 Ca²⁺流量（被动吸入）的影响

注：CK-0，没有盐处理的野生型植株；CK-350，用 350 mmol/L NaCl 处理的野生型植株；6-2-0，
没有盐处理的转基因植株；6-2-350，用 350 mmol/L NaCl 处理的转基因植株

第三节　转基因植物生理特性的变化

一、材料与方法

（一）试验材料

试验材料同本章第一节。

（二）试验内容与方法

（1）Pro 含量测定：根据 Bates 方法测定 Pro 含量（Bates et al.，1973）。

（2）SOD 活性测定：根据 Beauchamp 和 Fridovich 方法测定 SOD 活性（Beauchamp and Fridovich，1971）。取待测叶片 0.3 g，加 8 ml（0.05 mol/L、pH 7.8）PBS，冰浴研磨，4℃ 10 000 r/min 离心 15min。反应体系：1.5 ml（0.05 mol/L、pH 7.8）PBS，0.3 ml（130 mol/L）Met，0.3 ml（750 μmol/L）NBT，0.3 ml（100 μmol/L）EDTA-Na$_2$，0.3 ml（20 μmol/L）核黄素，蒸馏水 0.5 ml，测定管加酶液 0.1 ml，对照管加 0.1 ml 的 PBS。对照管和测定管各取两支，混合均匀后，将一支对照管放在暗处，其他 3 支置于 4000 lx 日光灯下反应 8 min，560 nm 比色。以抑制 NBT 光还原的 50% 作为一个酶活性单位 U，酶活性表示为 U/mg。

（3）CAT 活性测定：根据 Beers 和 Sizer 方法测定 CAT 活性（Beers and Sizer，1952）。酶液提取与 SOD 相同。反应体系：0.1 ml 酶液，1.0 ml（pH 7.0）Tris-HCl，1.7 ml 蒸馏水（对照加灭活酶）。逐管加入 0.2 ml（0.2 mol/L）H$_2$O$_2$，并立即在 240 nm 下测定光密度，每隔 20 s 记录一次，共 4 min。以光密度对时间作图，取最初反应直线部分。以每分钟内 OD$_{240}$ 变化 0.1 为 1 个酶活性单位，酶活性表示为 △OD$_{240}$/（g·min）。

（4）POD 活性测定：根据 Gong（2001）研究出的方法测定 POD 活性。取待测叶片 0.3 g，加 8 ml（0.05 mol/L、pH 5.5）PBS，冰浴研磨，4℃

10 000 r/min 离心 10min。取上清液定容于 25 ml 容量瓶中。反应体系：2.9 ml（0.05 mol/L、pH 5.5）PBS，1.0 ml（2%）H_2O_2，1.0 ml（0.05 mol/L）愈创木酚和 0.1 ml 酶液，对照管加 0.1 ml 灭活酶，470 nm 比色，每 20 s 记录 1 次，共记录 4 min。以光密度对时间作图，取最初反应直线部分。以每分钟内 OD_{470} 变化 1.0 为 1 个酶活性单位，酶活性表示为 $\triangle OD_{470}/(g \cdot min)$。

（5）MDA 含量测定：采用硫代巴比妥酸（TBA）法（Draper et al.，1993）。取待测叶片 0.3 g，加 5 ml（10%）TCA，研至匀浆，4℃ 4000 r/min 离心 10 min。吸取上清液 2 ml 加 2 ml TBA，对照为 2 ml 蒸馏水加 2 ml TBA。沸水浴 20 min。分别在 450 nm、532 nm、600 nm 比色。含量表示为 μmol/g。

二、结果与分析

测定了盐处理前后转基因和野生型植株的 Pro 含量。盐胁迫前，Pro 含量在这两种类型的植株中几乎相同。然而盐胁迫后，转基因和野生型植株的 Pro 含量明显增加，达 4~9 倍。转基因植株叶片中的 Pro 含量明显高于野生型植株 [图 4-6（a）]。

转基因和野生型植株之间 SOD 活性的变化明显不同。在盐胁迫下，所有转基因植株的 SOD 活性仅略有增加，而在野生型植株中增加明显 [图 4-6（b）]。盐胁迫下，CAT 活性在转基因植株中有增加；然而，在野生型植株中 CAT 活性比胁迫前略有减少 [图 4-6（c）]。盐胁迫后，转基因和野生型植物的 POD 活性增加，而在转基因植株中的增加显著高于野生型植株 [图 4-6（d）]。盐胁迫后，MDA 含量在野生型植株中增加，而在转基因植株中降低 [图 4-6（e）]。

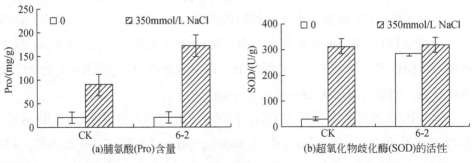

(a)脯氨酸(Pro)含量　　　　　　　(b)超氧化物歧化酶(SOD)的活性

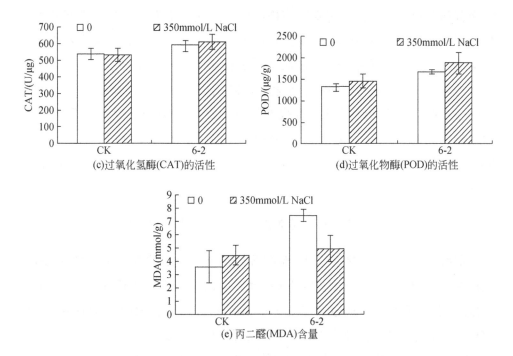

图4-6　盐胁迫条件下野生型和转基因植株的生理特性指标的变化

注：CK，野生型植株；6-2，转基因植株

第四节　结论与讨论

（一）多基因与植物耐盐性的关系

到目前为止，大多数研究报道的都是通过单基因转化提高植物耐盐性。然而，耐盐与许多基因的相互作用相关。因此，多基因共同表达策略是提高耐盐性的一个有效方法。本研究中 *SOS1+ SOS2+ SOS3* 和 *SCaBP8* 整合在一个载体中，每一个基因分别由诱导型启动子 *rd29A* 驱动。获得了47个转基因株系，其中一个转基因株系6-2被选中用于测试耐盐性。研究结果表明在转基因高羊茅中 *SOS* 途径基因的共表达增强了耐盐性。

与野生型植株相比，盐胁迫引起伤害的主要症状，如生长发育迟缓、老叶变黄和老叶的死亡，在转基因植株中较轻。盐胁迫下，转基因株系 6-2 表型比野生型表现出更高的耐盐性，表明高羊茅中 SOS 途径基因的共表达增强了耐盐性，这与高羊茅中的 OsNHX1 过表达结果一致，OsNHX1 是一种液泡膜上的 Na^+/H^+ 反向转运蛋白，能将 Na^+ 区域化到液泡，提高耐盐性（Chen et al.，2007）。这些结果进一步表明转基因高羊茅中 SOS 途径基因的共表达在盐渍土的开发利用方面有应用前景。转基因植物的耐盐性分析表明 SOS 途径基因共表达可以提高转基因植物的耐盐性，这与抗除草剂试验相一致。

（二）盐胁迫对转基因草坪草 Na^+、K^+ 及 Ca^{2+} 含量的影响

植物耐盐性与根部排 Na^+ 和细胞中保持低的 Na^+/K^+ 比率的能力相关。转基因植株中 SOS1 的过表达（35S 启动子驱动）明显减少了 Na^+ 的积累（Shi et al.，2003）。盐处理下，分别过表达 SOS3、AtNHX1+ SOS3、SOS2+ SOS3 或 SOS1+ SOS2+ SOS3 的转基因植株中 Na^+ 的积累比野生型植株少（Yang et al.，2009）。SOS2 或 SOS3 调控耐盐性效应器 SOS1 的表达水平，SOS1 编码质膜 Na^+/H^+ 反向转运蛋白，能够排除细胞质中多余的 Na^+（Shi et al.，2000）。SOS 单一转导通路途径也被证明参与了根部 K^+ 的吸收（Wu et al.，1996；Zhu et al.，1998）。50 mmol/L NaCl 处理下，SOS1 基因过表达的幼苗积累较少的 Na^+ 和更多的 K^+（Yue et al.，2012）。与以前的研究结果类似，本研究发现盐胁迫（350 mmol/L NaCl）下，SOS1+SOS2+SOS3 和 SCaBP8 过表达的转基因高羊茅植株相比野生型植株积累较少的 Na^+。因此，拟南芥的 SOS 基因（SOS1、SOS2 和 SOS3）和 SCaBP8 的共表达可以使 Na^+ 从高羊茅的根和叶细胞排出，减轻 Na^+ 的毒性影响，提高 NaCl 胁迫下的耐盐性，这可能是由于 SOS 途径基因负责 Na^+ 在植物体内的动态平衡。SCaBP8 和 SOS3 必须在盐胁迫反应下履行不同的调节功能，它们不能在基因互补上相互替代。盐胁迫能在质膜上诱导 SOS2 磷酸化 SCaBP8，稳定 SCaBP8–SOS2 的相互作用，提高了细胞膜的 Na^+/H^+ 交换活性。SOS3 和 SOS2 参与感应和回应钠离子的吸入。SOS1 是位于质膜的 Na^+/H^+ 反向转运蛋白，介导激活 Na^+ 的出口（Lin et al.，2009）。因此，

*SOS1+SOS2+SOS3*和*SCaBP8*的共表达可以降低转基因植株 Na^+ 的积累和减少 Na^+的毒性作用。

植物对盐渍环境的适应不仅取决于它们避免 Na^+ 毒性作用的能力，还取决于它们克服盐诱导损伤的能力，这与 K^+ 的吸收和 K^+ 的平衡密切相关。盐分可以减少 K^+ 吸收，这是质膜上 Na^+ 和 K^+ 竞争吸收的结果（Tyerman and Skerrett，1999；Maathuis and Amtmann，1999；Tester and Davenport，2003）。*SOS1*保护 K^+通道 *AKT1*，它在 Na^+ 增加的条件下，促进 K^+ 的内流（Qi and Spalding，2004；Shabala et al.，2005）。与这些报道一致，本研究结果表明，在过表达 *SOS1+SOS2+SOS3* 和*SCaBP8*的转基因植株的根部延伸区，K^+ 外流小于野生型植株。这可能是由于 *SOS* 信号转导途径也参与根部的 K^+ 吸收。盐胁迫下转基因高羊茅分别在叶片和根系中具有较低的 Na^+ 水平和较高的 K^+ 水平，这可能是因为 *SOS* 途径基因的共表达通过 Na^+ 的水平影响 K^+ 的运输，促进 K^+ 吸收，维持 K^+ 平衡。

Ca^{2+} 被广泛作为一种植物生理和环境信号转导通路的细胞内信使（Trewavas and Malho，1998）。这与细胞内 Ca^{2+} 的紧密调节有关，细胞内微小的 Ca^{2+} 变化可以提供酶活性的修改信息与后续反应所需要的基因表达（Guo et al.，2004）。盐胁迫引起短暂的 Ca^{2+} 增加，由*SOS3*调控，*SOS3*是一种肉豆蔻酰化钙结合蛋白，它结合并激活一种丝氨酸/苏氨酸蛋白激酶*SOS2*。*SOS2*和*SOS3*激酶复合物磷酸化和激活 *SOS1*蛋白（Qiu et al.，2002；Zhu，2003）。Guo 等（2009）发现 *SOS* 突变改变了正常和 NaCl 处理条件下 Ca^{2+} 运输系统的活性，与没有盐胁迫的野生型相比较，所有 *SOS* 突变会增加 Ca^{2+} 涌入分生组织细胞。因为 *SOS* 突变体需要增加 Ca^{2+} 封存到细胞内部，维持与野生型细胞质一样的 Ca^{2+} 水平。Kiegle 等（2000）报告了 NaCl 胁迫下 $[Ca^{2+}]_{cyt}$ 的增加。*SOS3*具有调节 Ca^{2+} 的作用（Gong et al.，2004）。本研究结果表明，350 mmol/L NaCl 处理下，转基因植株的 Ca^{2+} 内流平均速率比野生型植株明显增加。这可能是因为 Ca^{2+} 转运和 *SOS*（*SOS1-SOS2-SOS3*）途径之间有关系，以及和高羊茅中 Na^+ 与 Ca^{2+} 稳态的调节有联系。早期的报道显示在 NaCl 影响的条件下，*SOS1*参与增强 Ca^{2+} 的运输（Guo et al.，2009）。在酵母中，*SCaBP8*

基因显示与钙离子结合，在体外和体内与 *SOS2* 相互作用，植入 *SOS2* 于质膜，提高钙依赖性 *SOS2* 活性，并激活 *SOS1*（Quan et al.，2007）。*SCaBP8* 基因与膜片段相连。该膜定位与膜上 Ca^{2+} 信号开始的设想是一致的（Rudd and Franklin-Tong，1999.）。此外，钙被公认在 Na^+ 的被动进入和 K^+/Na^+ 的选择性吸收上发挥着重要的调控作用。因此，转基因植株根部 Ca^{2+} 水平的提高可以保证其膜的完整性，允许 K^+/Na^+ 的变化和 K^+ 的选择性吸收。然而在非盐胁迫下，野生型和转基因植株的 K^+、Na^+ 和 Ca^{2+} 有显著的差异。这也许会是它们在相同距离（500 μm）处，存在根部差异的原因。

（三）盐胁迫对转基因草坪草生理特性的影响

在植物中盐对细胞产生离子毒性，引起活性氧（ROS）和 Pro 的积累（Greenway and Munns，1980；Xiong et al.，2002）。细胞 ROS 的积累导致膜系统的不稳定性并抑制植物生长与发育（Li et al.，2011）。SOD、POD 和 CAT 是重要的抗氧化酶，能降低 ROS 活性的伤害和保持完整细胞膜结构（Li et al.，2011）。在本研究中，分别测定了 SOD 活性、POD 活性、CAT 活性和 MDA 含量、Pro 含量的生理生化指标。转基因高羊茅中，Na^+ 不能对细胞产生严重的离子毒性，过量的 Na^+ 可以诱导 SOD 活性、POD 活性、CAT 活性，减少 ROS 的积累。然而，ROS 可能不会被 SOD、POD 和 CAT 即时有效地清除，这会引起 Pro 含量的显著上升。这可能是因为350 mmol/L NaCl 处理下细胞对较高的 Na^+ 水平更敏感。在没有 *SOS* 途径基因的野生型植株的细胞质中，吸收的 Na^+ 无法有效地通过 Na^+ 外排调控来保持足够低的 Na^+ 浓度；因此，较高的 Na^+ 含量诱导的 SOD 活性、POD 活性、CAT 活性和 Pro 含量不如转基因高羊茅。这些结果表明转基因高羊茅细胞质中 Na^+ 的含量可以保持在一个较低的水平以及 *SOS* 途径基因加速大量 Na^+ 的外排。因此，*SOS* 途径基因的共表达能有效地维持细胞质中 Na^+ 的稳定和提高转基因植物的耐盐性。

350 mmol/L NaCl 处理下野生型植株的 MDA 含量比转基因植株显著增加。其 MDA 含量增加可能是由于 ROS 氧化引起野生型植株膜破坏（Zhang et al.，

2007）。转基因植株中盐处理可能更有效地参与了 ROS 的清除。Pro 的积累可能是盐胁迫应答引起损伤的症状（Riazi et al.，1985；Aspinall and Paleg，1981）。渗透调节已被归因于响应盐胁迫的植物组织的 Pro 积累（De and Maiti，1995）。此外，Pro 可以稳定酶，比如 RUBISCO，甚至允许在 NaCl 存在的条件下有效发挥其酶活性的作用（Solomon et al.，1994）。

总之，本研究通过农杆菌介导转化法获得了 47 个转基因高羊茅株系。此外，一个典型的株系 6-2 被进一步用来研究其耐盐性。Na^+、K^+ 和 Ca^{2+} 的水平与流速研究结果以及生理生化性状结果表明，转 *SOS* 途径基因的高羊茅能增强对盐胁迫的耐受性。本研究结果为草坪草育种提供了新的方法，有助于盐渍土的开发利用。

参 考 文 献

刘斌，李红双，王其会. 2002. 反义磷脂酶 D-基因转化毛白杨的研究. 遗传，24（1）：40-44.

Aspinall D，Paleg L G. 1981. Proline accumulation：physiological aspects//Paleg L G，Aspinall D. The Physiology and Biochemistry of Drought Resistance in Plants. Sydney：Academic Press.

Bates L S，Waldren R P，Teare I D. 1973. Rapid determination of free proline for water-stress studies. Plant Soil，39：205-207.

Beauchamp C，Fridovich I. 1971. Superoxide dismutase：improved assays and an assay applicable to acrylamide gels. Anal Biochem，44：276-287.

Beers R，Sizer T. 1952. Spectrophotometric method for measuring the breakdown of hydrogen peroxide by catalase. J Biol Chem，195：133-138.

Cao Y J，Wei Q，Liao Y，et al. 2009. Ectopic overexpression of *AtHDG11* in tall fescue resulted in enhanced tolerance to drought and salt stress. Plant Cell Rep，28：579-588.

Chen H，An R，Tang J H，et al. 2007. Over-expression of a vacuolar Na^+/H^+ antiporter gene improves salt tolerance in an upland rice. Mol Breeding，19：215-225.

De L R，Maiti R K. 1995. Biochemical mechanism in glossy sorghum lines for resistance to salinity stress. J Plant Physiol，146：515-519.

Draper H H，Squires E J，Mahmoodi H，et al. 1993. Comparative evaluation of thiobarbituric acid methods for the determination of malondialdehyde in biological materials. Free Radic Biol Med，15（4）：353-363.

Ge Y, Wang Z Y. 2006. Tall fescue (*Festuca arundinacea* Schreb.). Methods Mol Biol (Clifton, NJ), 344: 75-81.

Gong D M, Guo Y, Schumaker K S, et al. 2004. The *SOS3* family of calcium sensors and *SOS2* family of protein kinases in *Arabidopsis*. Plant Physiol, 134: 919-926.

Gong P B. 2001. Principles and Techniques of Plant Physiological Biochemical Experiment. Beijing: Higher Education Press.

Greenway H, Munns R M. 1980. Echanisms of salt tolerance in non halophytes. Ann Rev Plant Physiol, 31: 149-190.

Guo K M, Babourinaa O, Rengela Z. 2009. Na^+/H^+ antiporter activity of the *SOS1* gene: lifetime imaging analysis and electrophysiologicalstudies on *Arabidopsis* seedlings. Physiol Plant, 137: 155-165.

Guo Y, Qiu Q S, Quintero F J, et al. 2004. Transgenic evaluation of activatedmutant alleles of *SOS2* reveals a critical requirement for its kinase activity and Cterminal regulatory domain for salt tolerance in *Arabidopsis thaliana*. Plant Cell, 16: 435-449.

Kiegle E, Moore C A, Haseloff J, et al. 2000. Celltype- specific calcium responses to drought, salt and cold in the *Arabidopsis* root. J Plant, 23: 267-278.

Lee D G, Kwakc S S, Kwonc S Y, et al. 2007. Simultaneous overexpression of both CuZn superoxide dismutase and ascorbate peroxidase in transgenic tall fescue plants confers increased tolerance to a wide range of abiotic stresses. Acad J Plant Physiol, 164: 1626-1638.

Li W F, Wang D L, Jin T C, et al. 2011. The vacuolar Na^+/H^+ antiporter gene *SsNHX1* from the Halophyte Salsola soda confers salt tolerance in transgenic Alfalfa (*Medicago sativa* L.). Plant Mol Biol Rep, 29: 278-290.

Lin H, Yang Y, Quan R, et al. 2009. Phosphorylation of *SOS3* LIKE CALCIUM BINDING PROTEIN8 by *SOS2* protein kinase stabilizes their protein complex and regulates salt tolerance in *Arabidopsis*. Plant Cell, 21: 1607-1619.

Maathuis F J M, Amtmann A. 1999. K^+ nutrition and Na^+ toxicity: the basis of cellular K^+/Na^+ ratios. Ann Bot, 84: 123-133.

Qi Z, Spalding E P. 2004. Protection of plasma membrane K^+ transport by the salt overly sensitive Na^+/H^+ antiporter during salinity stress. Plant Physiol, 136: 2548-2555.

Qiu Q S, Guo Y, Diet M A, et al. 2002. Regulation of *SOS1*, a plasma membrane Na^+/H^+ exchanger in *Arabidopsis thaliana* by *SOS2* and *SOS3*. Proc Natl Acad Sci, 99: 8436-8441.

Quan R D, Lin H, Mendoza L, et al. 2007. *SCaBP8/CBL10*, a putative calcium sensor, interacts with the protein kinase *SOS2* to protect *Arabidopsis* shoots from salt stress. Plant Cell, 19: 1415-1431.

Quintero F J, Ohta M, Shi H, et al. 2002. Reconstitution in yeast of the *Arabidopsis SOS* signaling pathway for Na$^+$ homeostasis. Proc Natl Acad Sci, 99: 9061-9066.

Riazi A, Matsuda K, Arslan A. 1985. Water stress-induced changes in concentrations of proline and other solutes in growing regions of young barley leaves. J Exp Bot, 36: 1716-1725.

Rudd J J, Franklin-Tong V E. 1999. Calcium signaling in plants. Cell Mol Life Sci, 55: 214-232.

Shabala L, Cuin T A, Newman I A, et al. 2005. Salinity-induced ion flux patterns from the excised roots of *Arabidopsis SOS* mutants. Planta, 222: 1041-1050.

Shi H, Ishitani M, Kim C, et al. 2000. The *Arabidopsis thaliana* salt tolerance gene *SOS1* encodes a putative Na$^+$/H$^+$ antiporter. Proc Natl Acad Sci, 97: 6896-6901.

Shi H, Lee B H, Wu S J, et al. 2003. Overexpression of a plasma membrane Na$^+$/H$^+$ antiporter gene improves salt tolerance in *Arabidopsis thaliana*. Nat Biotechnol, 21: 81-85.

Sleper D A, West C P. 1996. Tall fescue//Moser L E, Buxton D R, Casler M D. Cool-season Forage Grasses. Madison: American Society of Agronomy, Crop Science Society of America, Soil Science Society of America.

Solomon A, Beer S, Waisel Y, et al. 1994. Effects of NaCl on the carboxylating activity of Rubisco from Tamarix jordanis in the presence of proline-related compatible solutes. Physiol Plant, 90: 198-204.

Tester M, Davenport R. 2003. Na$^+$ tolerance and Na$^+$ transport in higher plants. Ann Bot, 91: 503-527.

Trewavas A J, Malho R. 1998. Ca^{2+} signaling in plant cells: the big network. Curr Opin Plant Biol, 1: 428-433.

Tyerman S D, Skerrett I M. 1999. Root ion channels and salinity. Sci Hortic, 78: 175-235.

Wu S J, Ding L, Zhu J K. 1996. *SOS1*, a genetic locus essential for salt tolerance and potassium acquisition. Plant Cell, 8: 617-627.

Xiong L M, Schumaker K S, Zhu J K. 2002. Cell signaling during cold, drought, and salt stress. Plant Cell, 14: 165-183.

Yang Q, Chen Z Z, Zhou X F, et al. 2009. Overexpression of *SOS* (salt overly sensitive) genes increases salt tolerance in transgenic *Arabidopsis*. Mol Plant, 2: 22-31.

Yue Y S, Zhang M C, Zhang J C, et al. 2012. *ZHSOS1* gene overexpression increased salt tolerance in transgenic tobacco by maintaining a higher K$^+$/Na$^+$ ratio. J Plant Physiol, 169: 255-261.

Zhang C F, Hu J, Lou J, et al. 2007. Sand priming in relation to physiological changes in seed germination and seedling growth of waxy maize under high salt stress. Seed Sci Technol, 35 (3): 733-738.

Zhao J S, Zhi D Y, Xue Z Y, et al. 2007. Enhanced salt tolerance of transgenic progeny of tall fescue (*Festuca arundinacea*) expressing a vacuolar Na^+/H^+ antiporter gene from *Arabidopsis*. J Plant Physiol, 164: 1373-1383.

Zhu J K. 2003. Regulation of ion homeostasis under salt stress. Curr Opin Pla Biol, 6: 441-445.

Zhu J K, Liu J, Xiong L. 1998. Genetic analysis of salt tolerance in *Arabidopsis thaliana*: evidence of a critical role for potassium nutrition. Plant Cell, 10: 1181-1192.

|第五章| 转基因高羊茅的生物学
整合效应分析

　　植物耐盐性是指作物在盐胁迫环境中通过一些生理途径抑制或者缓解盐胁迫造成的伤害，维持基本生长的能力。不同的作物具有不同的耐盐性，同一作物的不同品种间存在耐盐性的差异（董玉深和郑殿升，1995）。耐盐性是多基因控制的数量遗传性状，受环境的影响很大（赵可夫和李法曾，1999；翁跃进等，2002）。耐盐性鉴定是种质资源鉴定评价、耐盐品种选育以及耐盐机理研究的基础，通过耐盐性鉴定可以筛选出植物耐盐育种的种质资源或直接用于作物生产的新品种。

　　本研究对耐盐性状表现良好的高羊茅转基因株系 6-2 和株系 6-3 进行田间耐盐性鉴定评价，通过转基因株系的分性状表达规律及抗逆性机理的分析研究基因的协同效应，分析不同土壤盐碱条件下转基因株系的耐盐性及其与环境的互作，探讨作物抗逆性与基因协同效应的关系，研究高效多基因转化体系的建立与转基因作物的生物学效应，在此基础上筛选出适合我国盐渍土壤地区种植的高羊茅耐盐品种，同时为我国高羊茅耐盐鉴定、耐盐育种和耐盐机理等研究提供理论与技术支撑。

第一节　转基因高羊茅在盐土土壤的 生物学整合效应分析

一、材料与方法

（一）试验材料

在对 T1 代转基因植株进行耐盐实验和分子生物学检测的基础上，选择耐盐性较强且符合育种目标的株系 6-2（A3 6-2）和株系 6-3（A3 6-3）应用于转基因高羊茅后代抗盐性鉴定与株系的系统选育研究。受体材料高羊茅'爱瑞3号'为本研究的对照材料（A3 WT）。

（二）试验内容与方法

（1）产草量的测定：每次刈割前在生长初花期测定产量。样方为 1 m×1 m，齐地刈割，3 次重复。在田间称其鲜重，将样品混合，用四分法取 100 g 样带回实验室，105 ℃杀青 15 min，后 65 ℃烘 24 h 至恒重，得到样品的干重。

（2）株高的测定：用米尺测定植株的伸直高度，10 次重复。

（3）叶面积的测定：用尺子随机测定 10 片叶，取均值。

（4）光合指标的测定：选择晴天利用 LI–6400 便携式光合系统测定仪（美国 LICOR 公司）对植株活体叶片的光合生理生态指标进行测定，测定时随机选取最上部完全展开的健康完整叶片，每次测 9 片，求其平均值。

（5）叶绿素含量的测定：用手持叶绿素仪（TYS-A）测定 5 片健康完整的叶片，取其均值。

（6）生理指标的测定：丙二醛（MDA）含量用硫代巴比妥酸（TBA）法测定。脯氨酸（Pro）含量采用磺基水杨酸法测定。超氧化物歧化酶（SOD）活性用 NBT（氮蓝四唑）光化还原法测定。过氧化物酶（POD）活性用愈创木酚显色法测定。过氧化氢酶（CAT）活性用高锰酸钾滴定法测定。

（7）钠离子、钾离子含量的测定：原子吸收分光光度计法（硝酸-高氯酸消化）。

（8）土壤含水量：土钻法取样，20 cm 为一个土层，取样深度为 1 m，3 次重复。以烘干法测定，土壤在 105~110 ℃ 条件下烘 24 h，测定土壤水分含量。

（9）土壤养分的测定：土壤有机质的测定采用重铬酸钾容量法-外加热法，土壤全氮的测定采用半微量开式法，土壤碱解氮的测定采用碱解扩散法，土壤全磷的测定采用 $HClO-H_2SO_4$ 钼锑钪比色法，土壤速效磷的测定采用 0.5 mol/L-$NaHCO_3$ 浸提钼锑钪比色法，土壤速效钾的测定采用 NH_4OAc 浸提火焰光度法，水溶性盐总量用电导法测定，pH 用 1.0 mol/L KCl 浸提电位法（土液比为1：2.5）测定。

二、结果与分析

1. 种植转基因高羊茅土壤理化性质的变化

1）转基因草坪草在不同种植地区的土壤含水量

由图 5-1 可以看出，在 6~8 月，所有株系土壤含水量逐渐下降。9 月，所有株系土壤含水量都呈现升高的趋势，10 月，又有所降低。土壤平均含水量最大的为株系 6-3，其次为株系 6-2，野生型对照最低，这可能是因为转基因株系生长旺盛对土壤起到保墒作用。西大滩土壤平均含水量相比贺兰山农牧场要高。

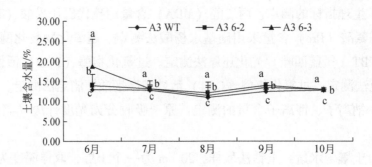

图 5-1　贺兰山农牧场盐碱地上转基因草坪草土壤含水量季节性变化

2）转基因草坪草的土壤 pH、全盐及碱化度

贺兰山农牧场为典型的盐碱地，土壤 pH 为 9.29，全盐含量为 5.01 g/kg，碱化度为 14.91%。如表 5-1 所示，6~9 月所有株系土壤 pH 有所降低，10月，pH 又有所升高，这可能是秋季返盐的原因。碱化度变化趋势不一。

表 5-1　农牧场转基因草坪草的土壤、全盐及碱化度

高羊茅	pH					全盐/(g/kg)					碱化度/%				
	6 月	7 月	8 月	9 月	10 月	6 月	7 月	8 月	9 月	10 月	6 月	7 月	8 月	9 月	10 月
CK	9.29	—	—	—	9.53	5.01	—	—	—	5.24	14.91	—	—	—	15.47
A3 WT 农	9.16	8.96	9.08	8.91	9.14	0.35	0.34	0.66	0.67	0.80	10.30	—	—	—	10.43
A3 6-2 农	9.14	9.07	9.08	8.95	9.10	0.42	0.31	0.40	0.49	0.81	9.68	—	—	—	9.52
A3 6-3 农	8.97	9.09	9.16	8.92	9.09	0.44	0.33	0.49	0.78	0.73	8.33	—	—	—	8.75

注：“农”指贺兰山农牧场数据。下文中“西”指西大滩数据。CK 指种植前土壤本底值。下同

3）种植转基因高羊茅土壤离子含量变化

由表 5-2 可以看出，种植转基因高羊茅前土壤中阴离子以 SO_4^{2-}、Cl^- 和 HCO_3^- 为主，种植以后，HCO_3^- 含量增加，说明种植高羊茅后，没有降低土壤中 HCO_3^- 含量；种植后，土壤中 Cl^- 含量降低，这可能是因为 Cl^- 得到淋洗而含量降低；种植后，SO_4^{2-} 含量降低；CO_3^{2-} 含量不多，变化不明显，无明显规律。种植后，K^+ 含量、Ca^{2+} 含量和 Mg^{2+} 含量明显增加。

表 5-2　种植转基因高羊茅土壤的离子含量变化（单位：cmol/kg）

时间	高羊茅	阳离子				阴离子			
		K^+	Na^+	Ca^{2+}	Mg^{2+}	CO_3^{2-}	HCO_3^-	SO_4^{2-}	Cl^-
—	CK 农	0.035	0.92	0.16	0.07	0.17	0.26	3.58	0.74
6 月	A3 6-2	0.07	0.07	0.13	0.37	0	0.2	0.14	0.3
	A3 WT	0.08	0.42	0.09	0.41	0	0.15	0.57	0.28
7 月	A3 6-2	0.09	0.97	0.1	0.5	0	0.25	1.03	0.38
	A3 WT	0.1	0.5	0.23	0.25	0	0.16	0.65	0.27
8 月	A3 6-2	0.14	0.46	0.27	0.89	0	0.36	0.97	0.43
	A3 WT	0.14	0.34	0.19	0.69	0	0.45	0.52	0.39
9 月	A3 6-2	0.22	1.44	0.24	0.76	0	0.59	1.62	0.45
	A3 WT	0.1	0.73	0.31	0.51	0.05	0.42	0.81	0.37
10 月	A3 6-2	0.18	0.64	0.42	0.8	0	0.51	0.87	0.66
	A3 WT	0.14	1.43	0.32	0.47	0	0.26	1.56	0.54

2. 转基因高羊茅农艺性状

1）转基因高羊茅不同时期株高变化

由图 5-2 可见：在农牧场种植的高羊茅'爱瑞 3 号'转基因株系 6-2 在 6 月的平均株高为 23.5 cm，7 月的平均株高为 13.7 cm，8 月的平均株高为 15.8 cm，9 月的平均株高为 12.1 cm，10 月的平均株高为 11.6 cm；株系 6-3 在 6 月的平均株高为 17.6 cm，7 月的平均株高为 15.1 cm，8 月的平均株高为 11.8 cm，9 月的平均株高为 11.2 cm，10 月的平均株高为 9.9 cm。转基因高羊茅'爱瑞 3 号'的平均株高总体大于野生型对照。但与西大滩碱土种植比较，所有株系株高较低。

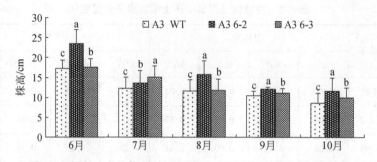

图 5-2 贺兰山农牧场盐碱地上转基因草坪草在不同时期的株高

2）转基因高羊茅不同时期叶面积变化

如图 5-3 所示，在农牧场种植的高羊茅转基因株系 6-2 在 6 月份的平均叶面积为 8.54 cm^2，7 月份的平均叶面积为 8.09 cm^2，8 月份的平均叶面积为 7.16 cm^2，9 月份的平均叶面积为 2.91 cm^2，10 月份的平均叶面积为 3.4 cm^2；株系 6-3 在 6 月份的平均叶面积为 8.04 cm^2，7 月份的平均叶面积为 6.65 cm^2，8 月份的平均叶面积为 6.11 cm^2，9 月份的平均叶面积为 3.21 cm^2，10 月份的平均叶面积为 3.35 cm^2。转基因株系 6-2 和株系 6-3 的叶面积略高于野生型对照。

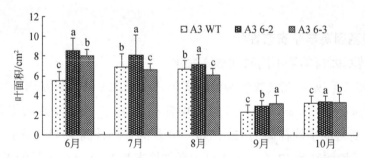

图 5-3 贺兰山农牧场盐碱地上转基因草坪草在不同时期的叶面积

3）转基因高羊茅生物量

如图 5-4 所示，在贺兰山农牧场盐土土壤上，高羊茅转基因株系 6-2 和株系 6-3 与对照相比在鲜草产量方面差异不明显。从总产量可以看出，株系 6-2 产量最高，野生型对照次之，株系 6-3 生物量最低。

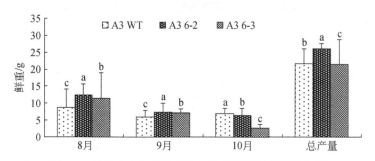

图 5-4　贺兰山农牧场盐碱地上转基因草坪草鲜草产量

3. 转基因高羊茅生理生化指标变化

1）转基因高羊茅不同时期叶绿素含量变化

如图 5-5 所示，在农牧场种植的株系在 7 月份叶绿素含量降低，8 月叶绿素含量大幅上升，9～10 月，叶绿素含量逐渐降低。与西大滩相比，农牧场种植的各株系叶绿素含量明显低，原因是 7 月、9 月和 10 月期间，农牧场牧草基地灌溉受到限制，由于干旱和盐胁迫的影响，叶绿素的合成受到抑制。总体分析，转基因株系 6-2 和株系 6-3 的叶绿素平均含量整体大于野生型对照。

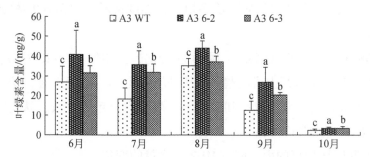

图 5-5　贺兰山农牧场盐碱地上转基因草坪草在不同时期的叶绿素含量

2）转基因高羊茅的光合指标

由表 5-3 所示，农牧场株系光合速率一直呈下降趋势，8～10 月光合速率逐渐下降，转基因株系的光合速率明显高于野生型对照。转基因株系 6-2 和株系 6-3 之间的光合速率差异不明显。

表 5-3　转基因草坪草光合特性的季节性变化

高羊茅	光合速率 /[μmol/(m²·s)]				蒸腾速率 /[mmol/(m²·s)]			
	8月	9月	10月	均值	8月	9月	10月	均值
A3 WT农	2.41	1.33	1.15	1.63±0.68	5.20	7.17	6.83	6.40±1.05
A3 6-2农	4.57	2.40	1.87	2.95±1.43	8.97	2.32	6.24	5.84±3.34
A3 6-3农	4.46	2.37	1.83	2.89±1.39	8.40	3.16	6.30	5.95±2.64

高羊茅	气孔导度 /[mmol/(m²·s)]				胞间 CO_2 浓度 /ppm[①]			
	8月	9月	10月	均值	8月	9月	10月	均值
A3 WT农	137.75	52.67	166.00	118.81±58.99	244.50	208.00	346.40	266.30±71.73
A3 6-2农	204.71	81.46	331.11	205.76±124.83	295.14	295.08	384.44	324.89±51.57
A3 6-3农	203.50	76.60	316.17	198.76±119.86	289.75	267.00	373.33	310.03±55.99

　　农牧场野生型对照蒸腾速率呈先升高后下降的趋势，而转基因株系蒸腾速率呈现先降低后上升的趋势，除了 8 月份，野生型对照的蒸腾速率都高于转基因株系。

　　农牧场株系的气孔导度与西大滩变化趋势相似，8 ~ 10 月各株系气孔导度都呈现先下降后上升的趋势。从平均气孔导度来看，株系 6-2>株系 6-3>野生型对照。

　　农牧场株系的胞间 CO_2 浓度与西大滩变化趋势相似，8 ~ 10 月各株系胞间 CO_2 浓度都呈现先下降后上升的趋势。从平均胞间 CO_2 浓度来看，株系 6-2>株系 6-3>野生型对照。光合速率和胞间 CO_2 浓度均值趋势一致，认为光合速率的下降主要由气孔因素引起。

　　3）转基因草坪草的丙二醛（MDA）含量的变化

　　如图 5-6 所示，6 ~ 10 月转基因株系 6-2 的 MDA 含量逐渐降低，这可能是植物在受到盐胁迫时对膜脂过氧化的一种防御反应。转基因株系 6-3 和野生型对照的 MDA 含量在 7 月有大幅度上升，8 ~ 10 月，MDA 含量逐渐降低。

---

① 1ppm = 10^{-6}。

这说明在 7 月干旱和盐碱的胁迫下，转基因株系 6-2 较株系 6-3 和野生型对照，MDA 积累较少，膜脂过氧化程度较低，表明转基因株系 6-2 在盐胁迫下受到的伤害较轻。

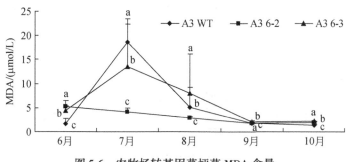

图 5-6 农牧场转基因草坪草 MDA 含量

4）过氧化物歧化酶（SOD）活性的变化

如图 5-7 所示，6～10 月农牧场所有株系 SOD 活性呈现先上升后下降的趋势。在 8 月，野生型对照 SOD 含量达到最大值。10 月，转基因株系 6-2 和株系 6-3 的 SOD 含量达到最大值。整个生育期 SOD 平均含量从大到小依次为野生型对照>株系 6-3>株系 6-2。

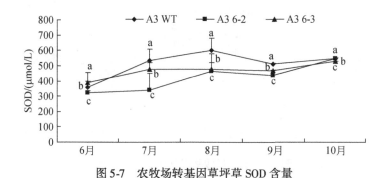

图 5-7 农牧场转基因草坪草 SOD 含量

5）过氧化物酶（POD）活性的变化

如图 5-8 所示，6～10 月农牧场所有株系 POD 活性呈现先上升后下降的趋势。POD 活性的变化趋势与 SOD 活性一致。转基因高羊茅株系 6-2 和株系

6-3 的 POD 活性高于野生型对照植株。除了9月，6月、7月、8月及10月转基因株系6-3 的 POD 活性大于株系6-2。转基因株系与野生型对照的 POD 活性差异显著。

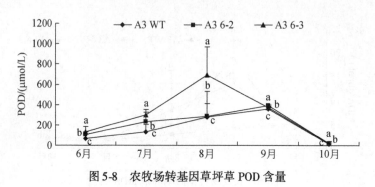

图 5-8　农牧场转基因草坪草 POD 含量

6）过氧化氢酶（CAT）活性的变化

如图 5-9 可知，6~8 月所有株系 CAT 活性都呈现上升的趋势，8 月份，各株系 CAT 活性达到最高值。9 月，CAT 活性都呈现下降趋势，10 月，CAT 活性又有所增加。高羊茅转基因株系6-2 和株系6-3 的 POD 活性总体高于野生型对照植株。

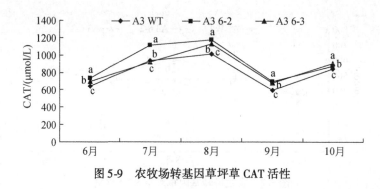

图 5-9　农牧场转基因草坪草 CAT 活性

7）脯氨酸（Pro）含量的变化

如图 5-10 可见，除了9月，高羊茅转基因株系6-2 和株系6-3 的 Pro 含量显著高于野生型对照的 Pro 含量。转基因株系中 Pro 含量为对照植株的0.65~12.9 倍。

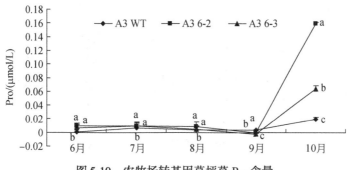

图 5-10　农牧场转基因草坪草 Pro 含量

8）转基因草坪草叶片钠离子含量

如图 5-11 所示，农牧场种植的转基因株系叶片钠离子含量呈现"下降—上升—下降—上升"的趋势，这可能是由于干旱胁迫和盐胁迫降低了转基因株系的耐盐性。农牧场种植的野生型对照植株叶片钠离子含量都高于转基因株系，这说明转基因株系比野生型对照具有更好的耐盐性。西大滩种植的野生型对照植株叶片钠离子含量总体高于农牧场植株。

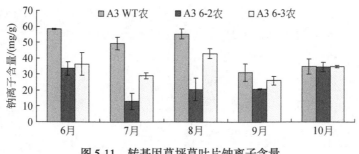

图 5-11　转基因草坪草叶片钠离子含量

9）转基因草坪草的钾离子含量

如图 5-12 所示，农牧场种植的转基因株系叶片钾离子平均含量低于野生型对照，钾离子含量变化趋势同钠离子变化趋势相同，基本呈现下降—上升—下降—上升的趋势。转基因高羊茅种植情况如图 5-13 所示。

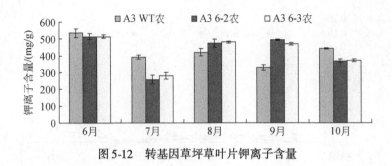

图 5-12　转基因草坪草叶片钾离子含量

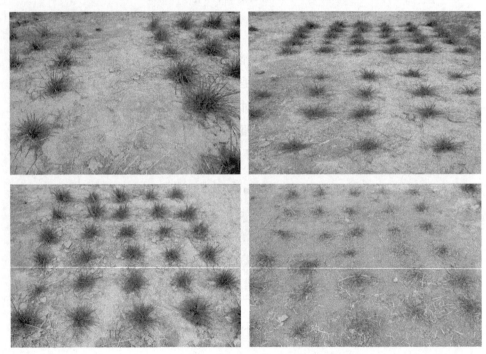

图 5-13　转基因高羊茅在盐土盐碱地试验地种植情况

注：CK，野生型高羊茅植株；TR，转基因高羊茅植株

第二节　转基因高羊茅在碱土土壤的
生物学整合效应分析

一、材料与方法

（一）试验材料

试验材料同本章第一节。

（二）试验内容与方法

试验内容与方法同本章第一节。

二、结果与分析

1. 种植转基因高羊茅碱土土壤理化性质变化

1）土壤含水量

由图 5-14 可以看出，在各时期，转基因高羊茅所处的土壤含水量均维持在 15.34%～20.50%，符合高羊茅正常生长的根系需求量。西大滩土壤平均含水量相比贺兰山农牧场较高，在 6 月、7 月和 9 月的土壤含水量较大，这是因为这三个月降雨较多。所有株系土壤含水量都呈现先降低后升高的趋势。株系 6-2 的土壤平均含水量最大，其次为株系 6-3，野生型对照最低，这与株系的生物量变化趋势一致。生长越旺盛的株系，0～20 cm 的土壤含水量相对较高，这可能因为株系生长旺盛对土壤起到保墒防蒸发的作用。

2）土壤的 pH、全盐及碱化度

西大滩为典型碱性盐碱地，盐斑较重，土壤全盐含量为 4.95 g/kg，土壤pH 为 9.42，碱化度为 21%。如表 5-4 所示，6～10 月所有株系土壤 pH 总体

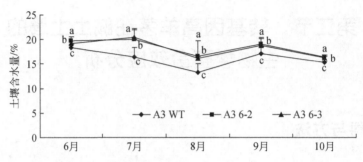

图 5-14 西大滩盐碱地上转基因草坪草土壤含水量月变化

呈增加趋势，转基因株系土壤 pH 显著低于野生型对照，总体上土壤 pH 和全盐含量从大到小依次为野生型对照>株系 6-3>株系 6-2；从野生型对照和转基因株系土壤 pH 的总体对比情况看，pH 呈现出一定幅度的渐降，说明高羊茅转基因株系体现出的 pH 略低于野生型植株的原因是高羊茅植株长势差异造成的，与导入的基因没有直接关系。种植作物以后作物根系的呼吸作用产生 CO_2，CO_2 溶于水产生 H^+。另外根系的分泌物及作物根茬的降解过程都会降低土壤 pH。

表 5-4 西大滩转基因草坪草 pH、全盐及碱化度

高羊茅	pH					全盐/(g/kg)					碱化度/%				
	6月	7月	8月	9月	10月	6月	7月	8月	9月	10月	6月	7月	8月	9月	10月
CK	9.42				9.83	4.95				3.78	21			14.6	
A3 WT 西	8.32	8.46	8.67	8.47	8.83	3.58	0.79	1.56	0.94	1.44				8.1	
A3 6-2 西	8.27	8.34	8.4	8.32	8.61	2.91	2.1	1.5	0.99	0.98				7.3	
A3 6-3 西	8.06	8.3	8.73	8.65	8.73	3.05	1.69	1.51	0.99	1.11				8.9	

全盐含量总体呈现下降趋势，这可能是因为经过土壤淋洗，降低了土壤中的全盐含量；碱化度呈现下降趋势；总体上土壤全盐含量从大到小依次为株系 6-3>野生型对照>株系 6-2。

3）种植转基因高羊茅土壤离子含量变化

种植转基因高羊茅前土壤中阴离子以 SO_4^{2-}、Cl^- 和 HCO_3^- 为主（表 5-5），

种植以后，HCO_3^-含量增加，说明种植高羊茅后，没有降低土壤中 HCO_3^-含量；Cl^-带一价负电荷，其本身化学性质稳定，在土壤中不易发生化学反应，而且不易为土壤胶体吸附，容易随水分运动，结果表明，种植后，土壤中 Cl^-含量降低，这可能是因为 Cl^-经过淋洗而含量降低；种植后，SO_4^{2-}含量有所增加，说明 SO_4^{2-}不易为水淋洗；CO_3^{2-}含量不多，变化不明显，无明显规律。

表 5-5　种植转基因高羊茅土壤的离子含量变化 （单位：cmol/kg）

时间	高羊茅	阳离子				阴离子			
		K^+	Na^+	Ca^{2+}	Mg^{2+}	CO_3^{2-}	HCO_3^-	SO_4^{2-}	Cl^-
—	CK 西	0.035	0.92	0.16	0.07	0.17	0.26	3.58	0.74
6 月	A3 6-2	0.26	0.95	0.18	1.61	0	0.22	6.38	0.4
	A3 WT	0.23	2.9	0.17	0.3	0	0.15	3.51	0.34
7 月	A3 6-2	0.15	1.24	0.29	0.87	0.1	0.27	2.8	0.38
	A3 WT	0.26	2.8	0.44	1	0.2	0.29	7.8	0.51
8 月	A3 6-2	0.16	1.9	0.09	1.03	0	0.3	3.35	0.53
	A3 WT	0.1	2.82	0.19	0.74	0.2	0.73	2.38	0.54
9 月	A3 6-2	0.18	2.55	0.78	0.68	0.2	0.4	4.23	0.36
	A3 WT	0.19	1.62	0.19	0.53	0	0.33	1.77	0.43
10 月	A3 6-2	0.26	1.54	0.22	0.54	0	0.38	3.3	0.38
	A3 WT	0.18	1.64	0.13	0.37	0	0.38	1.97	0.47

种植后，并没有降低 Na^+含量，Na^+含量反而增加，这可能是由于盐分累积的作用。除了 9 月，转基因株系根际土壤 Na^+含量都低于野生型植株；种植后，K^+含量明显增加，Ca^{2+}含量变化不明显，没有明显规律，Mg^{2+}含量明显增加。

2. 转基因高羊茅农艺性状

1）转基因高羊茅不同时期株高变化

在西大滩种植的高羊茅'爱瑞 3 号'转基因株系 6-2 在 6 月的平均株高为 22.3 cm，7 月的平均株高为 19.6 cm，8 月的平均株高为 24.4 cm，9 月的平均株高为21.5 cm，10月的平均株高为15.9 cm；株系6-3在6月的平均株高为19.7 cm，7月的平均株高为21.2 cm，8月的平均株高为24.3 cm，9月的平均株高为20.6 cm，10月的平均株高为18.5 cm，均高于野生型平均株高。在7月底和9月底分别进行了2次刈割，所以株高都有所下降，但转基因株系6-2和株系6-3的株高总体都高于野生型，除了7月和10月，株系6-2的株高高于株系6-3（图5-15）。

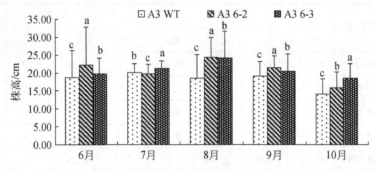

图5-15　西大滩盐碱地上转基因高羊茅在不同时期的株高

2）转基因高羊茅不同时期叶面积变化

由图5-16可见：在西大滩种植的高羊茅'爱瑞3号'转基因株系6-2在6月的平均叶面积为8.79 cm²，7月的平均叶面积为10.32 cm²，8月的平均叶面积为10.22 cm²，9月的平均叶面积为10.85 cm²，10月的平均叶面积为9.50 cm²；株系6-3在6月的平均叶面积为8.19 cm²，7月的平均叶面积为9.61 cm²，8月的平均叶面积为9.76 cm²，9月的平均叶面积为8.62 cm²，10月的平均叶面积为7.16 cm²，转基因株系叶面积总体明显高于野生型对照。

3）转基因高羊茅生物量

植株的生长量可以表征出植株的耐盐性的高低。如图5-17所示，在西大滩盐碱地上，高羊茅转基因株系6-2和株系6-3的鲜草产量总体上明显高于对照，比较了在盐碱胁迫环境中转基因株系和野生型对照的生物量的变化情况，发现转基因株系的生物量受盐碱胁迫的影响较小。

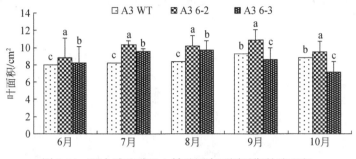

图 5-16　西大滩盐碱地上转基因在不同时期的叶面积

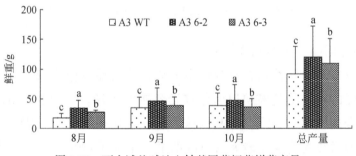

图 5-17　西大滩盐碱地上转基因草坪草鲜草产量

3. 转基因高羊茅生理生化指标变化

1）转基因高羊茅不同时期叶绿素含量变化

盐碱胁迫会引起细胞内代谢变化，使叶绿素合成受阻，降解加快，造成叶绿素含量下降。草坪草品种不同，叶绿素含量有差异，叶绿素含量越高，颜色越深。由图 5-18 可见：6～8 月所有株系的叶绿素含量总体逐渐升高，9 月由于降雨增多，阴天居多，影响叶绿素的合成，叶绿素的含量降低，10 月株系 6-2 的叶绿素含量有所升高，野生型对照叶绿素含量较高。在西大滩种植的高羊茅'爱瑞 3 号'转基因株系 6-2 的叶绿素平均含量为 38.1 mg/g，株系 6-3 的叶绿素平均含量为 43.5 mg/g，均大于野生型对照，由此说明转基因株系在盐碱胁迫下叶绿素含量也能维持相对较高水平，从而减轻植株受盐碱胁迫毒害的程度。另外，除了 9 月，其他月份，株系 6-2 的叶绿素含量高于株系 6-3。叶绿素下降的主要原因是碱土胁迫原生质膜，改变其通透性，另外碱土影响构成细胞膜的蛋白质的代谢，使其分解大于合成，导致叶绿素含量降低。

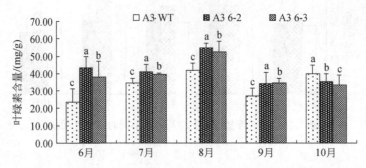

图 5-18　西大滩盐碱地上转基因草坪草在不同时期的叶绿素含量

2）转基因高羊茅的光合特性

盐碱胁迫能够导致植物光合作用下降，从而导致作物减产。一般认为，耐盐碱越强的植物受盐碱胁迫后导致光合能力下降。如表 5-6 所示，8～10 月植株光合速率逐渐下降，转基因株系的光合速率明显高于野生型对照。9 月，野生型对照光合速率较 8 月下降明显，下降了 46%。8 月，株系 6-3 的光合速率高于株系 6-2，9 月和 10 月，株系 6-2 的光合速率高于株系 6-3。9 月，各株系间差异显著。从光合速率下降的幅度可以看出，野生型对照下降幅度最大，株系 6-3 次之，株系 6-2 最小。从平均光合速率可以看出，株系 6-2 光合速率最高，株系 6-3 次之，野生型对照最低。由此判断，株系 6-2 耐碱性最强，株系 6-3 次之，野生型对照最弱。

表 5-6　转基因高羊茅光合特性的季节性变化

高羊茅	光合速率/$[\mu mol/(m^2 \cdot s)]$				蒸腾速率/$[mmol/(m^2 \cdot s)]$			
	8 月	9 月	10 月	均值	8 月	9 月	10 月	均值
A3 6-2 西	4.64	4.46	1.87	3.66±1.55	6.69	12.81	6.84	8.78±3.49
A3 6-3 西	4.80	3.97	1.83	3.53±1.53	8.82	11.92	6.30	9.01±2.81
A3 WT 西	4.07	2.18	1.15	2.47±1.48	8.95	9.38	6.23	8.19±1.71

续表

高羊茅	气孔导度/[mmol/(m² · s)]				胞间 CO₂ 浓度/ppm			
	8 月	9 月	10 月	均值	8 月	9 月	10 月	均值
A3 6-2 西	277.40	210.13	331.11	272.88±60.6	312.00	250.75	364.44	309.06±56.9
A3 6-3 西	316.90	162.40	316.17	265.16±88.9	296.60	235.00	373.33	301.64±69.3
A3 WT 西	265.75	88.64	166.00	173.46±88.7	248.00	182.55	346.40	258.98±82.5

8~10 月所有株系的蒸腾速率总体呈现先上升后下降的趋势。8 月，野生型对照的蒸腾速率最高，株系 6-3 次之，株系 6-2 的蒸腾速率最低。9 月，各株系的蒸腾速率都明显提高，株系 6-2 蒸腾速率提高最明显，提高了 91%。10 月，株系 6-2 的蒸腾速率下降最明显。从平均蒸腾速率可以看出，株系 6-3 最高，株系 6-2 次之，野生型对照最低。

8~10 月各株系气孔导度都呈现先下降后上升的趋势。8 月，株系 6-3 的气孔导度最高，株系 6-2 次之，野生型对照最低。9 月，所有株系气孔导度下降，野生型对照下降幅度最大，下降了 67%，株系 6-3 次之，下降了 49%，株系 6-2 下降了 24%。10 月，所有株系气孔导度上升，株系 6-3 和野生型对照气孔导度上升幅度较大。从平均气孔导度看出，株系 6-2>株系 6-3>野生型对照。

8~10 月各株系胞间 CO_2 浓度都呈现先下降后上升的趋势。从平均胞间 CO_2 浓度看出，株系 6-2>株系 6-3>野生型对照。光合速率和胞间 CO_2 浓度均值趋势一致，认为光合速率的下降主要是由气孔因素引起的。

3) 转基因草坪草的丙二醛（MDA）含量的变化

MDA 是质膜过氧化作用的主要产物之一，其含量高低是细胞质膜透性变化时反映细胞膜脂质过氧化作用强弱和质膜破坏程度的重要指标。植物 MDA 含量增幅小，细胞受损程度轻；反之，细胞受损程度重。从图 5-19 中可以看出，6~10 月所有株系 MDA 含量总体逐渐降低，这可能是植物在受到碱胁迫时对膜脂过氧化的一种防御反应。高羊茅转基因株系 6-2 和株系 6-3 的 MDA 平均含量总体高于对照植株 MDA 平均含量。转基因株系 6-2 和株系 6-3 与野生型对照相比，在碱胁迫下膜的结构较稳定，透性变化较小，MDA 积累较少，膜脂过氧化程度较低，表明转基因株系在碱胁迫下受到的伤害较轻。

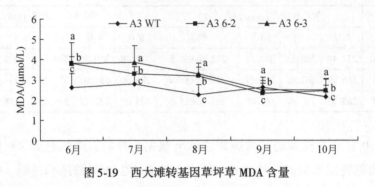

图 5-19　西大滩转基因草坪草 MDA 含量

4）过氧化物酶歧化酶（SOD）活性的变化

SOD 和 POD 在消除自由基、防止膜脂过氧化方面起着重要作用。由图 5-20 可知，6～10 月，所有株系 SOD 活性总体呈现先上升后下降的趋势。高羊茅转基因株系 6-2 和株系 6-3 在 6 月、8 月、9 月和 10 月的 SOD 活性高于对照，7 月株系 6-2 的 SOD 活性低于对照。保护酶 SOD 在一定程度上起到消除活性氧的作用。

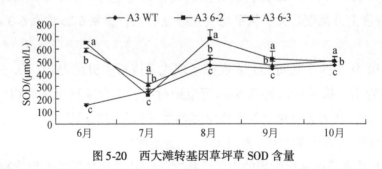

图 5-20　西大滩转基因草坪草 SOD 含量

5）过氧化物酶（POD）活性的变化

如图 5-21 所示，6～10 月，所有株系 POD 活性的变化趋势与 SOD 活性相似，基本呈现先上升后下降的趋势。高羊茅转基因株系 6-2 和株系 6-3 的 POD 活性高于对照植株。转基因株系与野生型对照的 POD 活性差异显著。

6）过氧化氢酶（CAT）活性的变化

由图 5-22 可知，转基因株系和野生型对照的 CAT 活性变化不一致。转基

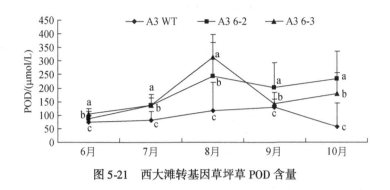

图 5-21　西大滩转基因草坪草 POD 含量

因株系 6-2 和株系 6-3 的 CAT 活性都呈现先上升后下降的趋势。野生型对照 CAT 活性呈现下降的趋势。8 月和 10 月，野生型对照的 CAT 活性低于株系 6-2。其他月份，野生型对照的 CAT 活性都高于转基因株系。

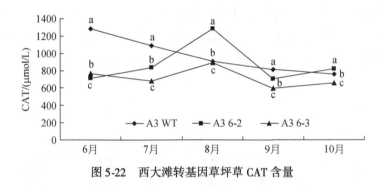

图 5-22　西大滩转基因草坪草 CAT 含量

7）脯氨酸（Pro）含量的变化

在逆境（旱、盐碱、热、冷、冻）条件下，植物体内的 Pro 含量显著增加。Pro 是植物受到盐碱胁迫时的主要渗透调节物质之一，对质膜的完整性有保护作用。植物体内的 Pro 含量在一定程度上反映了植物的抗逆性，抗逆性强的品种往往积累较多的 Pro。由图 5-23 可见，野生型对照与转基因株系 6-3 的 Pro 含量呈现先上升后下降的趋势，转基因株系 6-2 的 Pro 含量逐渐降低。高羊茅转基因株系 6-2 和株系 6-3 的 Pro 含量显著高于野生型对照的 Pro 含量。转基因株系中 Pro 含量为对照植株的 1.4~10 倍。

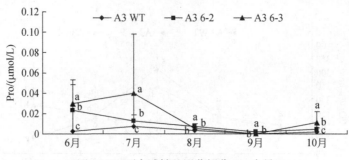

图 5-23 西大滩转基因草坪草 Pro 含量

8) 转基因草坪草的钠离子含量

如图 5-24 所示，6～10 月，转基因株系 6-2 和株系 6-3 叶片钠离子含量逐渐增加，转基因株系 6-3 叶片钠离子含量高于株系 6-2。6～8 月，野生型对照叶片钠离子含量逐渐升高，但在 9 月下降，10 月钠离子含量有所升高。整体来看，野生型对照叶片钠离子含量都高于转基因株系。由此判断，在盐碱胁迫下，*SOS* 途径基因将钠离子区域化到膜外，减少了钠离子的毒害作用。*SOS* 途径基因使得转基因株系比野生型对照具有更好的耐盐碱性。

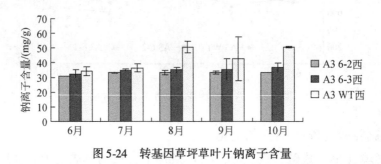

图 5-24 转基因草坪草叶片钠离子含量

9) 转基因高羊茅的钾离子含量

如图 5-25 所示，6～8 月，转基因株系和野生型对照叶片钾离子含量逐渐升高，9～10 月，钾离子含量开始下降。转基因株系叶片钾离子含量高于野生型植株，转基因植株中的 K^+/Na^+ 也要略高于野生型对照。Na^+ 不是植物生长所必需的，并且在盐胁迫下，它阻碍了重要矿质营养 K^+ 的吸收并竞争酶的结合位点。植物的耐盐碱性与外排 Na^+ 和细胞中保持高的 K^+/Na^+ 比的能力相关。因此，转基因株系细胞中有保持高的 K^+/Na^+ 比的能力，与野生型对照相比，具有更好的耐盐碱能力。转基因高羊茅种植情况如图 5-26 所示。

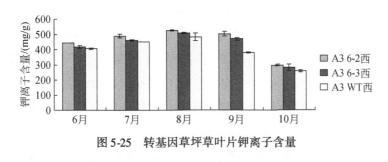

图 5-25　转基因草坪草叶片钾离子含量

图 5-26　转基因高羊茅在碱土盐碱地试验地种植情况

注：CK，野生型高羊茅植株；TR，转基因高羊茅植株

第三节　结论与讨论

（一）转基因高羊茅对土壤理化性质的影响

关于转基因高羊茅种植后对土壤的理化性质方面的影响的报道较少，多

数仅从土壤肥力角度进行了相关的研究。多数由于灌溉、耕作模式等对土壤理化性质及结构产生影响，土壤的水分含量与这些因素相关。本研究由于导入的基因使转基因高羊茅出现了一定程度的耐盐性，所以我们对其土壤理化性质的变化也进行了相关的测定和差异分析。从研究总体结果来看，随着高羊茅植株的生长，植株吸水力增加使得土壤含水量产生了更为快速的变化，所种植土壤的物理性质发生了一定的变化。将相同条件下的转基因高羊茅的种植土壤与野生型植株的种植土壤进行比较，转基因高羊茅种植后能降低土壤 pH、全盐及碱化度，提高土壤含水量，这种变化只是高羊茅的长势差异引起的，即由于生物改良效果的差异产生了土壤理化性质变化的差异。

（二）不同类型盐碱地对转基因高羊茅生长的影响

盐碱胁迫对非盐生植物最普遍、最显著的效应就是抑制生长，使其生长速率、含水量以及干重下降。本研究发现在不同类型盐碱地，野生型和转基因植株的生长都受到了一定的抑制。无论是在盐土盐碱地，还是在碱土盐碱地，转基因植株的株高、叶面积和生物量均高于同等条件下的野生型植株，这可能是因为 *SOS* 途径基因在高羊茅中的过表达使得转基因植株的生长显著优于同等处理的野生型植株。这与在转 *AtNHX1* 基因的拟南芥（Apse et al.，1999）、油菜（Zhang et al.，2001）、番茄（Zhang et al.，2001）、玉米（Yin et al.，2004）和棉花（Wu et al.，2004）等方面的研究结果一致。He 等（2005）对转 *AtNHX1* 基因棉花的研究认为，*AtNHX1* 基因的过表达改善了转基因植株的光合速率从而使得转基因植株较未转化植株具有更高的生长速率，以致积累了更多的干物质并具有更高的产量。这说明了 *SOS* 途径基因的过表达确实可积累更多干物质，提高生物量，增强了转基因高羊茅的耐盐性。

（三）不同类型盐碱地对转基因高羊茅光合作用的影响

植物通过叶绿素将无机 C、N 转变为有机 C、N，叶绿素是反映植物光合作用能力及营养作用的重要指标之一（张文婷等，2008）。盐胁迫会影响植物叶绿素的含量，这主要是由于盐胁迫导致水分亏缺，从而抑制叶片伸展，促使气孔关闭，减少 CO_2 摄取量，导致光合作用过程中有关酶活性降低。本研究表明，在盐土盐碱地和碱土盐碱地，转基因高羊茅植株叶绿素含量显著高于对照，说明转基因高羊茅耐盐碱胁迫的能力强于对照，这与毛秀红（2009）的研究结果相一致。

植株的农艺性状（比如生物量）是体现净光合速率的重要指标。逆境胁迫抑制植物的生长，同时也降低植株的光合作用（Netondo et al.，2004）。盐胁迫显著降低植株的光合速率，从而抑制植株的生长。本研究表明盐碱土壤转基因植株之所以比野生型植株具有更高的株高和更多的生物量，不仅是因为转基因植株在盐胁迫下具有更大的叶面积，还因为其可维持更高的光合速率。在碱土盐碱地，转基因株系 6-2 和株系 6-3 的光合速率比野生型植株分别高 48% 和 42%；在盐土盐碱地，分别高 81% 和 77%。He 等（2005）的研究表明，在 200 mmol/L NaCl 处理下，转 *AtNHX1* 基因棉花较未转化植株具有更高产量，因为转基因植株具有更高的光合速率和更大的光合面积（翁跃进等，2002）。Liu 等（2010）也发现，在 200 mmol/L NaCl 处理下，过表达 *NHX1* 基因的拟南芥转基因植株比未转化植株具有更高的光合速率。

光合速率的影响因素既有气孔限制因素也有非气孔限制因素。大量研究证明，胞间 CO_2 浓度明显下降，而气孔限制值升高，这是因为气孔导度的下降导致光合速率的降低，这种属于典型的气孔限制因素；相反，光合速率显著降低，气孔导度下降，而胞间 CO_2 浓度升高，那么光合速率降低的因素属于非气孔限制因素，即由叶肉细胞的光合活性的下降引起（Farquhar and Sharkey，1982）。通过气孔导度下降的幅度可以反映出气孔关闭对光合作用的影响程度（Zhao et al.，2007）。盐胁迫条件下，气孔导度的显著下降会降低胞间 CO_2 浓度和光合速率（Dionisio-Sese and Tobita，2000）。本研究中，在碱土盐碱地和盐土盐碱地，8～10 月平均气孔导度的大小为株系 6-2>株系 6-3>野生型对照，光合速率和胞间 CO_2 浓度均值趋势一致，说明光合速率的下降主要是由气孔因素引起的。可见，盐胁迫下，过表达 *SOS* 途径基因的转基因植株可比野生型植株维持更高的电子传递速率与其更高的光合速率和更高的对 CO_2 的同化能力有关，这提高了转基因植株干物质的积累。

（四）不同类型盐碱地转基因高羊茅抗氧化酶活性、脯氨酸和丙二醛含量的变化

盐胁迫导致植物受到氧化胁迫，植物体内产生大量的活性氧和自由基物质，破坏生物膜的结构（Scandalios，1993）。许多研究证实盐胁迫会导致植物体内活性氧含量上升（Jiang and Zhang，2001），而植物体为了适应盐胁迫产生的氧化伤害，形成了相应的保护系统来减少或清除活性氧或自由基，缓解氧化胁迫（Mittler，2002）。有研究表明，植物抗氧化能力强，其抵御活性氧损伤的能力就较强，提高植物耐盐性可能是通过提高其抗氧化胁迫能力来实现的（Elkahoui et al.，2005）。其中，SOD、CAT 和 POD 等保护酶类在植物体内相互协同作用，共同清除过量的活性氧，保持活性氧的代谢平衡，保护膜结构，从而在一定程度上减缓或抵御了逆境胁迫下植物伤害的程度（Hernandez et al.，2001）。SOD 更是保护植物细胞免受自由基伤害的第一道防线，其活性的高低反映氧化损伤时植株的修复能力。

本研究发现，在盐土盐碱地和碱土盐碱地，农牧场所有株系 SOD 活性的变化趋势与西大滩一致，所有株系 SOD 活性总体呈现先上升后下降的趋势。在碱土盐碱地，总体上 SOD 平均含量从大到小依次为株系 6-2>株系 6-3>野生型对照，盐碱胁迫下，高羊茅野生型植株 SOD 活性较低，但转基因植株叶中的 SOD 活性则较高，转基因株系 6-2 的 SOD 活性大于株系 6-3。CAT 主要位于过氧化酶体，CAT 能消除植物体内由光呼吸形成的过多的 H_2O_2，以维持植物体内 H_2O_2 含量处在一个低浓度水平。在碱土盐碱地，高羊茅野生型植株叶片的 CAT 活性相对高，而转基因植株的 CAT 活性相对低。在植物细胞中清除 H_2O_2 的酶有很多，POD 是植物体内保护细胞的主要酶（Rout and Shaw，2001），它在保护细胞免受 H_2O_2 胁迫中起重要作用。本研究表明，转基因株系与野生型对照的 POD 活性差异显著，盐碱胁迫显著提高了转基因植株的 POD 活性，总体上转基因株系 6-3 的 POD 活性大于株系 6-2，说明野生型植株缺少有效清除 H_2O_2 的机制。Amor 等（2006）提出盐胁迫提高了耐盐植株中 POD 的活性，而在盐敏感株中则没有。可见，与野生型植株相比，盐碱胁迫条件对转基因植株叶中 POD 活性和 SOD 活性的促进作用更明显，说明转基因植株

清除自由基的能力增强，也在一定程度上反映出转 *SOS* 途径基因的转基因植株具有较强耐盐碱性的原因之一是增强了耐盐碱修复能力。

Pro 是植物在盐碱胁迫下产生的重要渗透调节物质。在盐土盐碱地和碱土盐碱地，高羊茅转基因株系 6-2 和株系 6-3 的 Pro 含量显著高于野生型对照的 Pro 含量，这说明在盐碱胁迫条件下，转 *SOS* 途径基因的转基因植株可以通过积累较多的 Pro 来提高耐盐碱能力。

逆境胁迫导致细胞膜脂质过氧化，破坏质膜结构，植物 MDA 含量的高低能够反映质膜的破坏程度。转基因株系 6-2 和株系 6-3 与野生型对照相比，在盐碱胁迫下 MDA 积累较少，说明转基因株系膜脂过氧化程度较低，膜的结构较稳定。

（五）不同类型盐碱地对转基因高羊茅植株离子含量的影响

在正常条件下，植物细胞内保持离子平衡状态，但在盐碱胁迫条件下，过多的 Na^+ 进入植物体内，打破了离子的平衡，扰乱了正常的生理活动，最终造成对植物的伤害。为了适应盐碱胁迫，植物胞质内需要维持正常的离子平衡（Hasegawa et al.，2000）。本研究表明，在盐土盐碱地和碱土盐碱地，总体上高羊茅野生型对照叶片钠离子含量都高于转基因株系，盐碱胁迫导致野生型植株对 Na^+ 的吸收量多于转基因植株，这说明转基因株系比野生型对照具有更好的耐盐性，可能是通过质膜 Na^+ 的外排，减轻了 Na^+ 对细胞的毒害，维持了离子平衡尤其是胞质内的 K^+ 和 Na^+ 平衡，这是维持细胞质离子平衡的重要机制（Chen et al.，2008）。

盐胁迫通过影响质膜离子的选择性吸收，导致植株体内积累 Na^+，抑制了 K^+ 的吸收。钾是植物体内必需的大量营养元素，植物的耐盐性与其体内适宜的 K^+ 含量有着直接的关系（Blumwald et al.，2000）。然而由于 K^+、Na^+ 的选择性竞争吸收，一般吸收过多的 Na^+ 会抑制 K^+ 的吸收（Blumwald et al.，2000）。而且许多研究均表明，盐胁迫下植株体内的 K^+ 会有所降低（Imada et al.，2009）。本研究结果表明，碱土盐碱地转 *SOS* 途径基因株系叶片钾离子平均含量高于野生型对照，说明盐碱胁迫条件减少转基因植株对 Na^+ 的吸收，促进其对 K⁺的吸收。Liu 等（2010）也发现转基因拟南芥叶片 K⁺含量在盐胁迫下显著增加，可能是由于转基因植株叶片维持了更高的水势和饱和度，而更高的蒸腾速率增强植株的吸水能力从而增加了 K⁺向叶片的运输。Leidi 等（2010）的研究则表明，盐处理增加了转基因马铃薯 K⁺的吸收，而不是 Na⁺的积累，转基因植株耐盐性的增加是由于胞质内高浓度的 K⁺的影响。因此，在盐碱胁迫条件下，转 *SOS* 途径基因高羊茅通过 Na⁺外排来防止 Na⁺在细胞质中大量积累，以维持细胞质中低的 Na⁺含量，同时维持更高的 K⁺吸收以保证高的 K⁺/Na⁺比，以避免或降低盐害，从而提高高羊茅的耐盐碱能力。

总之，盆栽实验、区域实验的结果可以看出，选育的耐盐碱株系 6-2 和株系 6-3 产草量高且再生能力强，适宜在干旱和盐碱土壤中大面积种植。该品种的成功选育和推广种植不仅能大幅度提高盐碱、干旱地区农牧业的可持续发展能力，为畜牧业提供优质高产的饲草饲料，促进当地养殖业的发展，还可增加植被覆盖率，有效缓解水土流失和土壤沙化，并可满足盐碱地生态工程建设的迫切需求，因此具有良好的经济、生态和社会效益。

参 考 文 献

董玉深，郑殿升 . 1995. 中国小麦遗传资源 . 北京：中国农业出版社 .

毛秀红 . 2009. 苜蓿耐盐的基因工程改良研究 . 济南：山东大学硕士学位论文 .

翁跃进，马雅琴，杨德光 . 2002. 作物耐盐品种及其栽培技术 . 北京：中国农业出版社 .

吴关庭 . 2004. 农杆菌介导高羊茅遗传转化体系的建立及 CBF 耐逆相关基因的导入 . 杭州：浙江大学博士学位论文 .

张文婷，刘富强，王华田，等 . 2008. 城市绿地植物查草和结缕草抗旱性研究 . 中国农学通报，24（8）：327-333.

赵可夫，李法曾 . 1999. 中国盐生植物 . 北京：科学出版社 .

Allen G C, Spiker S, Thompson W F. 2000. Use of matrix attachment regions（MARs）tominimize transgene silencing. Plant Mol Biol, 43：361-376.

Amor N B, Jimenez A, Megdiche W, et al. 2006. Response of antioxidant systems to NaCl stress in the halophyte Cakile maritima. Physiologia Plantarum, 126：446-457.

Apse M P, Aharon G S, Snedden W A, et al. 1999. Salt tolerance conferred overexpression of a vacuolar Na⁺/H⁺ antiporter in *Arabidopsis*. Sci, 285：1256-1258.

Aspinall D, Paleg L G. 1981. Proline accumulation: physiological aspects//Paleg L G, Aspinall D. The Physiology and Biochemistry of Drought Resistance in Plants. Sydney: Academice Press.

Bates L S, Waldren R P. 1973. Teare ID rapid determination of free proline for water-stress studies. Plant Soil, 39: 205-207.

Beauchamp C, Fridovich I. 1971. Superoxide dismutase: improved assays and an assay applicable to acrylamide gels. Anal Biochem , 44: 276-287.

Beers R, Sizer T. 1952. Spectrophotometric method for measuring the breakdown of hydrogen peroxide by catalase. J Biol Chem, 195: 133-138.

Berres R, Otten L, Tinland B, et al. 1992. Transformation of vitis tissue by different strains of *Agrobacterium tumefaciens* containing the *T-6b* gene. Plant Cell Rep, 11: 192-195.

Blumwald E, Aharon G S, Apse M P. 2000. Sodium transport in plant cells. Biochimica et Biophysica Acta, 1465: 140-151.

Chen L H, Zhang B, Xu Z Q. 2008. Salt tolerance conferred by overexpression of *Arabidopsis* vacuolar Na^+/H^+ antiporter gene *AtNHX1* in common buckwheat (*Fagopyrum esculentum*) . Transgenic Research, 17: 121-132.

Chen Q J, Xie M, Ma X X, et al. 2010. MISSA is a highly efficient in vivo DNA assembly method for plant multiplegene transformation. Plant Physiol, 153: 41-51.

De L R, Maiti R K. 1995. Biochemical mechanism in glossy sorghum lines for resistance to salinity stress. J Plant Physiol, 146: 515-519.

Dionisio-Sese M L, Tobita S. 2000. Effects of salinity on sodium content and photosynthetic responses of rice seedlings differing in salt tolerance. Journal of Plant Physiology, 157: 54-58.

Draper H H, Squires E J, Mahmoodi H, et al. 1993. Comparative evaluation of thiobarbituric acid methods for the determination of malondialdehyde in biological materials. Free Radic Biol Med, 15 (4):353-363.

Elkahoui S, Hernandez J A, Abdelly C, et al. 2005. Effects of salt on lipid peroxidation and antioxi-dantenzyme activities of Catharanthus roseus suspension cells. Plant Science, 168: 607-613.

Farquhar G D, Sharkey T D. 1982. Stomatal conductance and photosynthesis. Annual Review of Plant-Physiology, 33: 317-345.

Gong P B. 2001. Principles and Techniques of Plant Physiological Biochemical Experiment. Beijing: Higher Education Press.

Hasegawa P M, Bressan P A, Zhu J K, et al. 2000. Plant cellular and molecular response to high salinity. Annual Review of Plant Physiology and Plant Molecular Biology, 51: 463-499.

He C X, Yan J Q, Shen G X, et al. 2005. Expression of an *Arabidopsis* vacuolar sodium/proton antiporter gene in cotton improves photosynthetic performance under salt conditions and increases fiber yield in the field. Plant and Cell Physiology, 46 (11): 1848-1854.

Hernandez J A, Ferrer M A, Jimenez A, et al. 2001. Antioxidant system and O_2/H_2O_2 production in theapoplast of pea leaves: its relation with salt-induced necrotic lesions in minor veins. Plant Physiology, 127: 817-831.

Imada S, Yamanaka N, Tamai S. 2009. Effects of salinity on the growth, Na partitioning, and Na dynamics of a salt-tolerant tree, *Populus alba* L. Journal of Arid Environments, 73: 245-251.

Jiang M, Zhang J. 2001. Effect of abscisic acid on active oxygen species, antioxidative defence system and oxidative damage in leaves of maize seedlings. Plant and Cell Physiology, 42: 1265-1273.

Kawasaki S, Borchert C, Deyholos M, et al. 2001. Gene expression profiles during the initial phase of salt stress in rice. Plant Cell, 13: 889-905.

Leidi E O, Barragan V, Rubio L, et al. 2010. The *AtNHX1* exchanger mediates potassium compartmentation in vacuoles of transgenic tomato. Plant Journal, 61: 495-506.

Liu P, Yang G D, Li H, et al. 2010. Overexpression of *NHX1s* in transgenic *Arabidopsis* enhances photoprotection capacity in high salinity and drought conditions. Acta Physiologiae Plantarum, 32: 81-90.

Mittler R. 2002. Oxidative stress, antioxidants and stress tolerance. Trends in Plant Science, 7 (9): 405-410.

Netondo G W, Onyango J C, Beck E. 2004. Sorghum and salinity: II. gas exchange and chlorophyll fluorescence of sorghum under salt stress. Crop Science, 44: 806-811.

Rout N P, Shaw B P. 2001. Salt tolerance in aquatic macrophytes: ionic relation and interaction. Biologia Plantarum, 44: 95-99.

Scandalios J G. 1993. Oxygen stress and superoxide dismutases. Plant Physiology, 101: 7-12.

Solomon A, Beer S, Waisel Y, et al. 1994. Effects of NaCl on the carboxylating activity of Rubisco from *Tamarix jordanis* in the presence of proline-related compatible solutes. Physiol Plant, 90: 198-204.

Wu C A, Yang G D, Meng Q W, et al. 2004. The cotton *GhNHX1* gene encoding a novel putative tonoplast Na^+/K^+ antiporter plays an important role in salt stress. Plant Cell Physiol, 45: 600-607.

Xue H, Yang Y T, Wu C A, et al. 2005. *TM2*, a novel strong matrix attachment region isolated from tobacco, increases transgene expression in transgenic rice calli and plants. Theor Appl Genet, 110: 620-627.

Yin X Y, Yang A F, Zhang K W, et al. 2004. Production and analysis of transgenic maize with improved salt tolerance by the introduction of *AtNHX1* gene. Acta Botanica Sinica, 46: 854-861.

Zhang H X, Blumwald E. 2001. Transgenic salt-tolerant tomato plants accumulate salt in foliage but not in fruit. Nat Biotechnol, 19: 765-768.

Zhang H X, Hodson J N, Williams J P, et al. 2001. Engineering salt-tolerant *Brassica* plants: characterization of yield and seed oil quality in transgenic plants with increased vacuolar sodium accumulation. PNAS, 98: 6896-6901.

Zhao G Q, Ma B L, Ren C Z. 2007. Growth, gas exchange, chlorophyll fluorescence, and ion content of nakedoat in response to salinity. Crop Science, 47: 123-131.